私家庭院景观设计

I

石艳　主编

 江苏凤凰美术出版社

图书在版编目（CIP）数据

私家庭院景观设计. I / 石艳主编. -- 南京：江苏凤凰美术出版社, 2022.2
ISBN 978-7-5344-8320-2

Ⅰ. ①私… Ⅱ. ①石… Ⅲ. ①庭院—景观设计 Ⅳ. ①TU986.4

中国版本图书馆CIP数据核字(2022)第037127号

出版统筹　王林军
策划编辑　段建姣
责任编辑　韩　冰
特邀编辑　段建姣
装帧设计　毛欣明
责任校对　刘九零
责任监印　唐　虎

书　　名　私家庭院景观设计 I
主　　编　石　艳
出版发行　江苏凤凰美术出版社（南京市湖南路1号　邮编：210009）
总 经 销　天津凤凰空间文化传媒有限公司
总经销网址　http://www.ifengspace.cn
印　　刷　雅迪云印（天津）科技有限公司
开　　本　889mm×1194mm　1/16
印　　张　10
版　　次　2022年2月第1版　2022年2月第1次印刷
标准书号　ISBN 978-7-5344-8320-2
定　　价　88.00元

营销部电话　025-68155792　营销部地址　南京市湖南路1号
江苏凤凰美术出版社图书凡印装错误可向承印厂调换

目录

PART 1

新中式
·
风格

桃李春风｜春风里

◆ 项目地点：杭州市
◆ 花园规模：150 ㎡
◆ 建设性质：新建项目
◆ 设计师：宋海波
◆ 摄影师：宋海波
◆ 设计公司：苏州纵合横空间景观设计有限公司

▋项目概况

此案为一坐落于西子湖畔的中式合院，庭院建筑面积约150m²。在接到设计委托后，距离房主新婚只有不到半年时间，能够一起参与这场幸福约定，并为其呈现他们最为心醉的花园，是我们团队的幸运。

在极其中式的建筑环境中做花园，有两个难点：其一是需要满足当下年轻人所青睐的现代简约生活理念，要"年轻化"；其二是要规避现代元素与建筑环境的突兀性，这也是我们设计的核心点所在。

打造空间层次

庭院呈规整的方形，四周由高耸的围墙和建筑围合，很好地体现了传统中式院落的特点。方正、规整的庭院需要匹配的是空间的层次感与变化性，我们有意而为之地创造了不同的竖向意象组合——景墙、水池、吧台、构架等的高低错落经过了非常严谨的推理，从而呈现出令人喜悦的空间感受度。

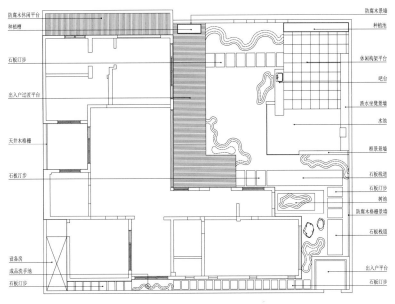

防腐木休闲平台
种植槽
石板汀步
出入户过渡平台
天井木格栅
石板汀步
设备房
成品洗手池
石板汀步

防腐木景墙
种植池
休闲构架平台
吧台
跌水坐凳景墙
水池
框景景墙
石板栈道
石板汀步
树池
防腐木格栅景墙
石板栈道
出入户平台
石板汀步

平面图

植物配置

对于植被搭配，中心理念是选择四时之景不同却又方便打理的植物。所以，在灌木的配置上基本以常绿的龟甲冬青和先令冬青为主，撑起空间的主要骨架。地被方面，黄金佛甲草这种常绿、饱满的植物也是选择重点。至于小乔木，我们大胆地搭配了红枫、罗汉松等形成鲜明对比的树种。

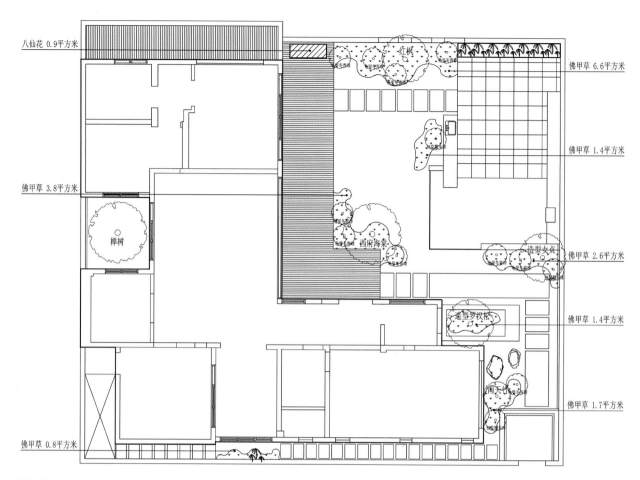

八仙花 0.9平方米

佛甲草 6.6平方米

红枫

佛甲草 1.4平方米

佛甲草 3.8平方米

榉树

西府海棠

造型女贞

佛甲草 2.6平方米

造型罗汉松

佛甲草 1.4平方米

南天竹

佛甲草 1.7平方米

佛甲草 0.8平方米

植物种植平面图

水景营造

　　对于庭院来说，流水代表着一种气场，影响着花园的格局，于是我们在休闲凉亭里做了浅水池，再通过凉亭顶部镂空的型材，形成了"水中月，镜中花"的框景效果。水池的深度仅 30cm，没有任何的安全隐患存在，但却为整个花园增添了一种动态的氛围。

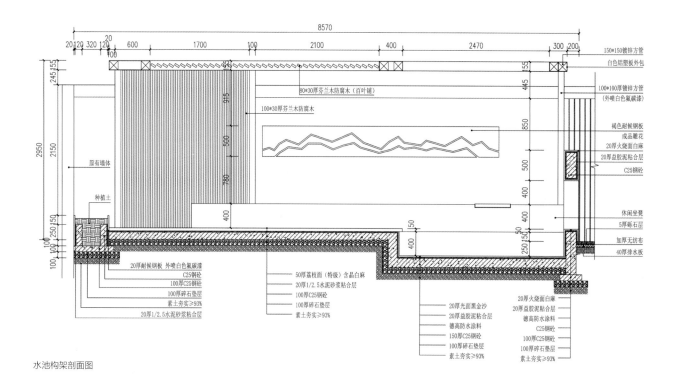

8570

20 120 320 120 20 600 1700 100 2100 400 2470 300 200

150*150镀锌方管
白色铝塑板外包

100*100厚镀锌方管
(外喷白色氟碳漆)

80*30厚芬兰木防腐木（百叶铺）

100*30厚芬兰木防腐木

褐色耐候钢板
成品雕花
20厚火烧面白麻
20厚益胶泥粘合层
C25钢砼

原有墙体

休闲坐凳
5厚砾石层
加厚无纺布
40厚排水板

种植土

20厚耐候钢板 外喷白色氟碳漆
C25钢砼
100厚C25钢砼
100厚碎石垫层
素土夯实≥93%
20厚1/2.5水泥砂浆粘合层

50厚荔枝面（特级）含晶白麻
20厚1/2.5水泥砂浆粘合层
100厚C25钢砼
100厚碎石垫层
素土夯实≥93%

20厚光面黑金沙
20厚益胶泥粘合层
德高防水涂料
150厚C25钢砼
100厚碎石垫层
素土夯实≥93%

20厚火烧面白麻
20厚益胶泥粘合层
德高防水涂料
C25钢砼
100厚C25钢砼
100厚碎石垫层
素土夯实≥93%

水池构架剖面图

中式庭院三大支流

　　中式庭院有三大支流——北方的四合院庭院、江南的写意山水和岭南园林。典型的中式园林风格特征，往往是在三大支流设计的基础上，因地制宜进行取舍融合，利用大小、高低、曲直、虚实等手法，把建筑、山水、植物有机地融为一体。

案例02

姑苏人家

◆ 项目地点：苏州市
◆ 花园规模：616m²
◆ 建设性质：花园改造
◆ 设计师：周波
◆ 设计公司：苏州融景景观营造有限公司

▌ 项目概况

　　该项目是位于苏州城区内的古典园林式别墅，总占地面积为 1100m²，花园占地 616m²。男业主喜欢古典园林，而女业主则比较喜欢时尚现代的花园风格。

　　为了满足男女业主对花园不同的情感寄托，我们将整个项目以新中式的手法来进行设计，做到中而不古，既有古典园林的韵味，又不失现代生活的品质。

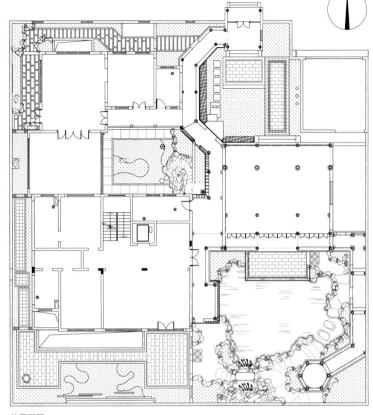
总平面图

门厅景观

　　原将军门头和中堂的位置比较尴尬，而中式园林里讲究隔景、对景以及轴线关系，于是我们结合四面建筑的轴网关系做了一面照壁墙，墙后种一棵造型罗汉松，以形成对景关系。这种处理，既加强了门第的轴线景观，也有效地弱化了中堂的尴尬。

　　地面以偏现代新中式的石材铺设，搭配少量地被植物，使整个空间不会显得太过沉闷。

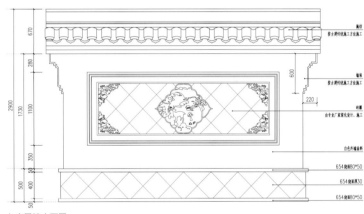
入户景墙立面图

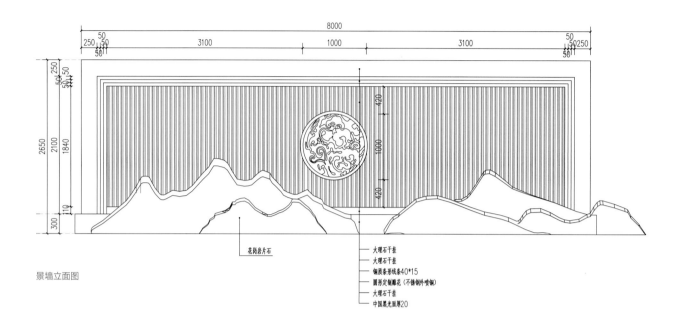

8000

50
250 50
3100 1000 3100
50
50 250
50
50

250
50 50
50
50

2650
2100
1840

420
1000
420

110
300

花岗岩片石

大理石干挂
大理石干挂
铜质条形线条40*15
圆形定制雕花（不锈钢外喷铜）
大理石干挂
中国黑光面厚20

景墙立面图

主景花园

　　之前的亭子太过居中，植物杂乱，水池太小，空间整体效果较差，所以只保留了原来的半亭。业主喜欢养鱼，我们便以水景作为中心，东面沿墙做爬廊，连接到六角亭。爬廊外侧以太湖石堆叠出层次起伏的沿湖小路，让整个花园动线更富有变化，同时也增加了趣味性。

　　青白柔美的太湖石让整个廊亭宛如端坐在连绵起伏的云端，而这诗意的景色又恰好垂幕在此一潭湖水之中。

　　六角亭是整个花园的制高点，站在亭中，可以凭栏而坐，听风赏雨，尽收美景。当我们穿过亭子，走过微拱的石板桥，听着从假山流淌的潺潺溪水，则又是另一番游园感受。

　　一山，一水，一亭，一木，在高耸的白墙下犹如一幅巨大的山水画，坐在中堂里，或是站在亲水平台上，尽享山水的季相之美。

西侧花园

考虑女业主的需求，西侧花园主要以新中式的风格体现。新中式就是将中式园林的形态简化，追求一种意境之美，所以铺装上没有做过多的层次变化，只满足必要的动线。空间立面以墙为幕，片石为山，地面以砂为海，以土为丘，以木为林，追求一种旷然之美。

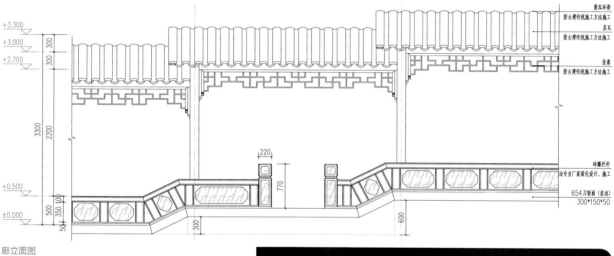

黄瓜环脊
按古建传统施工方法施工
蓑瓦
按古建传统施工方法施工
挂落
按古建传统施工方法施工

砖雕栏杆
由专业厂家深化设计、施工
654刀斩面（挂边）
300*150*50

廊立面图

下沉庭院

　　下沉花园一面是围墙，三面是落地玻璃，靠墙做太湖石假山，连接上下庭院，动线流通，再搭配造型绿植，营造静谧之境。

　　花园整体铺装以简洁为主，鹅卵石铺地点缀，主要结合现代生活方式体现园林韵味。

小贴士

　　中式庭院崇尚自然，提倡在有限的空间范围内，利用自身条件，模拟大自然的美景，营造"虽由人作，宛自天开"的园林景致。中式庭院以曲线为主，讲究曲径通幽，避免一览无余，造园时多采用障景、借景、延长和增加园路起伏等手法，一般配以木制的亭台轩榭以及各种山石作为装饰。

新中式风格

案例 03

东风汇柒号院

◆ 项目地点：北京市
◆ 花园规模：260m²
◆ 工程造价：165 万
◆ 施工周期：180 天
◆ 设计师：蒋玮
◆ 设计单位：北京海跃润园景观设计有限责任公司

■ 项目概况

东风汇庭院为某公司办公所在地，建筑为中式传统四合院，由东、西两个四合院组成，东侧为管理层办公室，西侧为员工办公室，中间以过道相连，主入口在北侧。

设计理念

本案在庭院设计上采用新中式风格，展现出古典园林的魅力及传统文化的回归。通过对传统文化的解读，将现代元素与传统元素相结合，以现代人的审美需求来打造富有传统韵味的景致，既保留了传统文化，又体现出现代特点。

设计中借鉴框景、障景、抑景、对景、借景、漏景、夹景、添景等经典造园手法，同时结合现代元素，共同营造丰富多变的景观空间，达到步移景异、小中见大的景观效果。

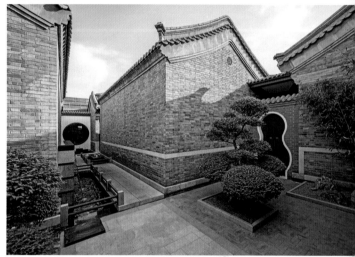

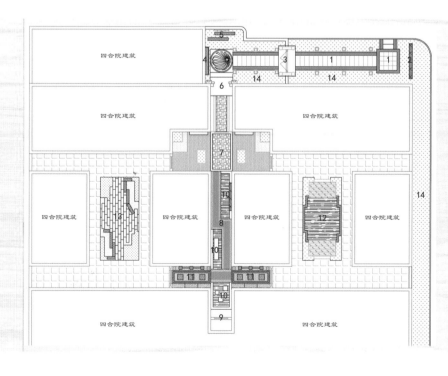

1. 入口景观大道
2. 入口影壁墙
3. 四合院大门
4. 中式影壁墙
5. 圆形影壁墙
6. 四合院二门
7. 四合院前院
8. 中心水池步道
9. 圆窗
10. 喷水水景
11. 过道
12. 中庭锦鲤池
13. 中庭休息区
14. 绿化带

藏风

本案的主入口朝北，考虑到北京的气候特点，我们在入口处做了一些空间延伸，使得大门向东侧开，再放置影壁墙，阻挡住气流的直来直往。这种设计在北方地区尤为适用，从气场的角度来说，可避免大风穿宅，而从御寒的角度来说，也可避免冬天过于寒冷。

得水

"上善若水，水善利万物而不争"，水也利心，可淡泊名利。作为古典元素之一的水景，在庭院中起着至关重要的作用，能改善小气候，给环境带来勃勃生机。

本案中设置有两个水池，一处在两院的连接通道，用水将两院连接在一起，当大家走过石板桥时，有一种"踏水而来"的感觉。另一处在东侧管理层四合院中庭，为锦鲤池，四角种植翠竹，有"聚财、聚气"之意，寓意业主生意兴隆。

水景打造要点

①庭院水景的设计，往往模仿大自然的水态而设，如叠水、水帘、涌泉、溪流等，同时辅以灯光效果，展现丰富的形态，来缓冲、软化硬质的地面和建筑物。

②水景最好能与人产生互动，但要考虑边界的安全性。

③水景维护特别重要，设计时必须考虑好排水、清理等问题，否则容易造成维护难、成本高，且部分水景沦为"水泥地"的情况。

新中式风格

案例04

正昌园

◆ 项目地点：上海市
◆ 花园规模：2150 ㎡
◆ 建设性质：花园改造
◆ 设计师：天治
◆ 设计公司：上海庭匠实业有限公司
◆ 摄影：林涛

园路铺装

　　花园四面环绕建筑，面积很大。在入户的南面，考虑业主停车的需求，用大理石砌筑了大面积的"工"字铺装，保持路面的平整和大气。

　　因为地势原因，铺装边上做了地形，用金刚石驳岸，挡土的同时也增加了观赏性，再点缀一些吴风草、蕨类等小植物，在桂花和珊瑚绿篱的背景下，更加精致美观。

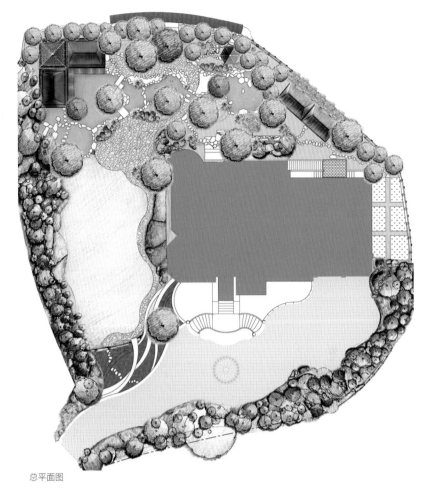

总平面图

入口花园

　　花园的正式入口在房子的西南面，用毛石弧形挡墙的设计处理地势落差，交错的线条感还有视觉的导向作用。左右两边高大的樱花和水杉，强化了入口的气势。

　　汀步到冰裂纹园路的转接，是点、线、面的经典处理手法。冰裂纹园路的拐弯处，种植了一棵大型山楂树，下面是层次错落的花境，在春天是让人惊艳的一角。大面积的草坪满足小朋友嬉闹的空间，摇椅的摆放为大人陪伴小朋友增加了便利与乐趣。

水景

花园的北面是设计的重心，在东北和西北方向分别设有"三生瀑布"和"龙门瀑布"，通过溪流汇合于茶亭前的锦鲤池。

三生瀑布是整个水系的源头，所以把它藏在"山"上，于山顶设立八角亭，可观望整个花园全貌。河面清风吹来，亭下水声潺潺，仿佛置于山涧。于茶亭里远眺，八角亭在树影之间若隐若现，旁边三块景观石组成的"山峰"也只观其峰。

近处龟岛上飘逸的黑松倒是吸引眼球的主角，欢乐的锦鲤在下面的石板桥里来回穿梭，耳边是远处的涓涓细流声和瀑布的流水声。美好的清晨，可以在河边的木栈道散步。

项目总结

　　这是一个池泉回游式庭园，运用自然风景式造园手法来实现，主体元素为茶亭、瀑布、溪流、锦鲤池、假山、凉亭和草坪。园路的表现形式有冰裂纹、灰石子、"鹅卵石＋老石条"和山刨石汀步。

　　根据现场的客观环境，设计师利用人工与自然、大与小、虚与实、藏与露等手法，通过对各种景物的取舍加工，高度概括地再现了典型而抽象化自然山水的本质特征，使庭院呈现出"小中见大"的景观效果。

新中式风格

案例05

施家花园

◆ 项目地点：上海市

◆ 花园规模：1005m²

◆ 工程造价：500 万

◆ 设计师：王治

◆ 设计单位：上海庭匠实业有限公司

◆ 摄影：林涛

设计理念

本项目运用"师法自然"的选园手法，架构山水之园，彰显天趣。

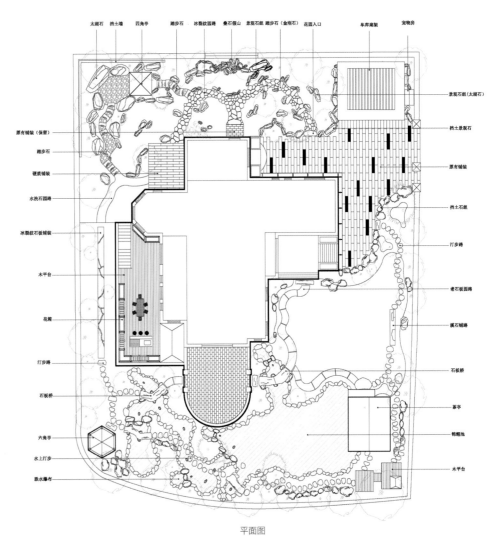

太湖石　挡土墙　四角亭　踏步石　冰裂纹园路　叠石假山　景观石组　踏步石（金刚石）　花园入口　车库廊架　宠物房

原有铺装（保留）
踏步石
硬质铺装
水洗石园路
冰裂纹石板铺装
木平台
花廊
打步路
石板桥
六角亭
水上打步
跌水瀑布

景观石组（太湖石）
挡土景观石
原有铺装
挡土石组
打步路
老石板园路
碟石铺路
石板桥
茶亭
鸭鹅池
木平台

平面图

设计细节

　　花园主要分为南北两面，其中南面为设计重点。入口在东面，拾级而上进入花园，以金刚石作为台阶，配合几棵枫树，营造自然式入口。

步入花园，眼前是一片开阔的草坪，边上各行走动线连接着茶亭、住宅大门和客厅入口。茶亭依锦鲤池而建，隔池和"山"遥望。山上设有歇山方亭，流水自亭下鱼池顺"山"间溪流而下至锦鲤池。"山"脚下石头嶙峋，小桥流水贯穿其中。站在"山"上，透过松影间，茶亭若隐若现，倒映在锦鲤池里，构成一幅诗意画卷。

北面庭院的打造运用了更多的中国园林传统元素，静幽的小路旁有高挺的云松和造型丰富的太湖石，和方亭的搭配可谓天作之合。

如何选择太湖石

①太湖石属于石灰岩，颜色以灰色为主，白色、黑色较为少见。

②太湖石分为水石、旱石两种，水石婉约俏丽、充满灵气，旱石自然质朴、温润古雅。

③"瘦、漏、透、皱"是选择太湖石的四大要素，"瘦"指太湖石多苗条修长，凸显大自然的独特魅力；"漏"指太湖石有众多横向、纵向的孔洞；"透"也指孔洞，不过要求洞洞相连，洞中套洞、洞中有洞者为上；"皱"则指的是太湖石独有的表面纹理，具有曲折生动之美。

新中式风格

案例06

龙湖蓝湖郡

◆ 项目地点：重庆市
◆ 花园规模：650m²
◆ 建设性质：花园改造
◆ 设计师：叶科、洪传静
◆ 设计公司：重庆市和汇澜庭景观设计工程有限公司

■ 项目概况

一般来说，那些对花园深爱的园主往往格外用心。当然，园主的喜好也会随着岁月的更替而产生变化，这个位于蓝湖郡里的花园作品，就是因此而改造。

原花园为色彩丰富的地中海风格，后来，园主渐渐喜欢上了自然山水的诗意，以及中式亭台楼阁的意境，但他们又觉得传统中式色调过于沉闷，故结合蓝湖郡原有建筑外观的暖色系重新规划了花园。

在禅趣与诗意中亲近自然

花园以"富有禅趣、诗意，能更好地亲近自然，四季不同景"为核心设计理念，让园主能在此放慢脚步，呼吸清新空气，享受生活。

花园呈上下分布，主要的休闲区和景观区集中在下花园。花园整体是中式自然山水的风格，但相比传统中式又注入了一些新的活力。

从带有古典意境的白墙青瓦门头入户，映入眼帘的便是院内的美好风景，造型优美的红枫、山石相间里蜿蜒向下的汀步，松、竹与精心养护的花草，让人忍不住心旷神怡，流连忘返。

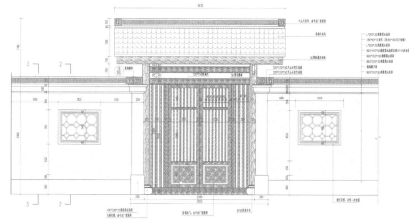

门头立面图

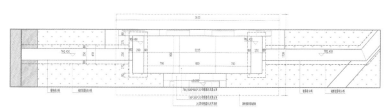

门头平面图

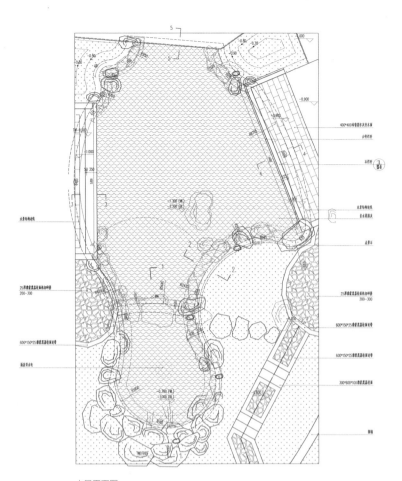

水景平面图

沿着汀步向下走，茶室、亭廊、锦鲤池和谐共生。自然山水与亭廊相辅相成，共同构筑出这幅美好的花园图景。

慢，慢，慢生活

　　廊下凭栏听风雨，小世界里观乾坤，每个季节都能观赏到花园不同的季相变化，身心在这里得到慰藉。在花园里，悠闲自在地观锦鲤、品香茗，享受生活慢下来的惬意。

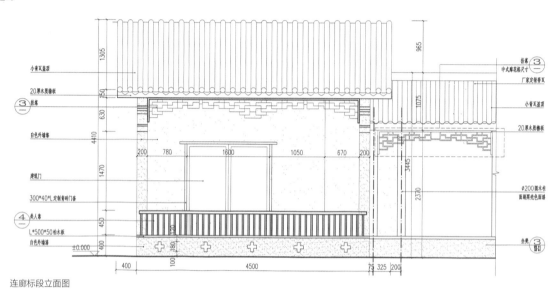

连廊标段立面图

改造要点

　　花园主要对场地原有资源和交通组织问题进行了细致处理。

各区域功能划分如下：

　　① 生活设备区 —— 洗衣晾晒、设备放置；

　　② 入户景观区 —— 停车、景观展示；

　　③ 前院景观区 —— 景观展示；

　　④ 景观游览区 —— 休闲、活动、观景；

　　⑤ 客厅延伸区 —— 景观延伸；

　　⑥ 露台休闲区 —— 家庭休闲、客房。

PART 2

日式
·
风格

日式风格

案例07

半院民宿花园

- ◆ 项目地点：丽江市
- ◆ 花园规模：112 m²
- ◆ 建设性质：花园改造
- ◆ 设计师：王永贤
- ◆ 设计公司：云南朴树园林绿化工程有限公司

▌项目概况

半院民宿位于丽江束河古镇，古镇中古老的木板门面、暗红色的油漆，还有门前黑亮的青石以及脚下斑驳的石坡路面，勾勒出束河古镇古朴自然的本色。

因此，在本案设计时，用自然式庭院来契合古镇的风貌，显得相得益彰。整体花园分为三部分——门面外摆平台、中部天井以及二层平台。

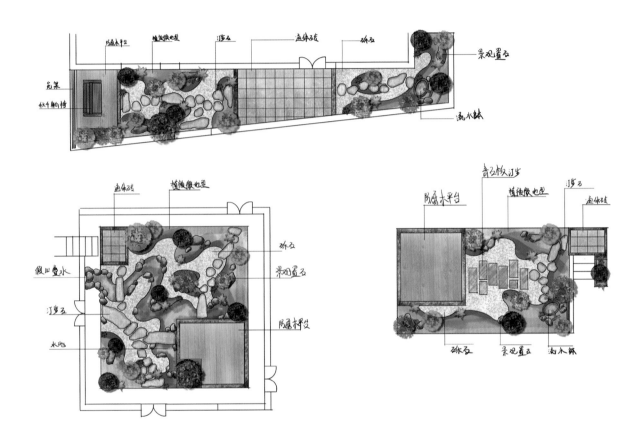

门面外摆平台

门面外摆平台在设计中以功能性为主，和周围建筑风格相互呼应，原木的暖色更显温馨，与绿色的植物形成冷暖对比，凸显空间层次感。

上方搭建回廊花架，种上爬藤，享受夏天的阴凉、冬日的暖阳。摇椅的陈设便于客人小憩。

毛石拼砌的入口小平台和自然石汀步，与主路的石坡路面形成延续，使得外摆区域和周围街景更加融合。

中部天井

中部天井区独居一"方"天地，设计使用了缩影手法，将假山跌水、绿植、小池塘、砾石代表的山川河流融于其中：微地形造坡形成了地势的起伏，跌水代表了山涧的水源，蜿蜒小溪汇聚于正中的池塘，让空间多了一丝灵动。

位于水系周围的砾石，像极了自然改道后干涸的河床。园路以自然汀步石与磨盘石交替，使得自然与人文相融，溪流上方放置石板桥，给游园增添一份乐趣。业主保留了一棵桂花树，在树下设置亲水平台，在品茗、闻香、赏景中享受宁静的时光。

二层平台

二层平台作为茶室与楼梯中间的区域，以自然面花岗岩石板做铺装，便于通行。园路两边做微地形栽种植物，用于视线遮挡与转折，让客人在登上二楼的瞬间感到别有洞天，有继续探索的欲望。坐在茶室中观赏，可以清楚地看到是否有客人上来，以便起身迎客。

日式风格

案例08

颐明园

◆ 项目地点：昆明市
◆ 花园规模：750m^2
◆ 建设性质：花园改造
◆ 设计师：王永贤
◆ 施工单位：云南朴树园林绿化工程有限公司

▍项目概况

本项目位于云南省昆明市，花园面积 750m²。业主是一对退休的夫妻，儿女、小孙子也和他们一起，幸福满满的一家五口同住。

水景营造

进入花园，首先映入眼帘的是假山流水，给人一种开门见山的感觉。驳岸石的堆砌采用了悬空的方式，既阻挡了野猫对鱼儿的捕食，也使得驳岸更加具有自然的味道。

假山的背后设有景墙，墙上配有圆形镂空图案，给人一种"明月自山上升起"的感觉，晚上配备灯光，别具一格。

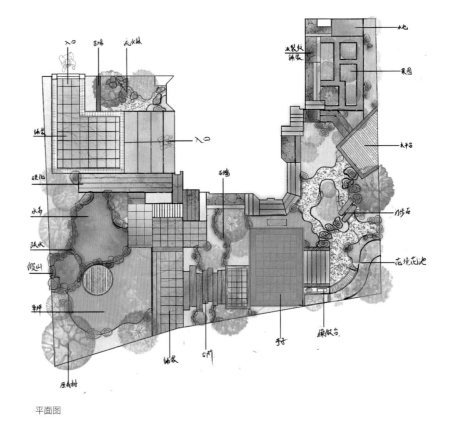

平面图

阳光房

　　花园中拆除了原有的防腐木亭子，取而代之的是钢结构阳光房，刷上氟碳漆提升质感，成为户外休闲的重要场所。取代原有的防腐木吊顶，钢化玻璃的增加让原本黑暗的一层室内变得阳光明媚，提高了空间的使用率。

　　在阳光房的周边，配有禅意的日式景观，增加休闲时的优雅氛围。其正前方是鼓包石材质的景墙，大块石材的设计增加了花园立面的厚重感。地面拆除原有铺装，铺上莱姆石，凸显花园的自然气息。

侧院

　　花园侧院增加了一个较大的亭子，在布局上丰富了花园的格局。亭子旁设有烧烤操作台，成为业主户外聚会的重要娱乐场所。

后院

　　因为没有从建筑出去的通道，使得后院成为不经常使用的地方。我们拆除了原有围绕建筑的防腐木走道，取而代之了青石板和冰裂纹的混合铺装，既提升了整个花园的石材质感，也延长了道路的使用年限。

　　在原有后院水池的位置设置果园（业主不太经常种菜），同时将原场地的竹子进行规整处理，设置隔根带，并在旁边增加了一个休闲平台，吸引业主在后院逗留。后院阳光适中，除在角落位置设有花池，其他空间配置大块禅意小景进行围合。

案例09

闲云居屋顶花园

◆ 项目地点：云南省临沧市
◆ 花园规模：300 m²
◆ 建设性质：花园改造
◆ 施工单位：云南朴树园林绿化工程有限公司

▌项目概况

　　该项目分为一层花园和二层屋顶花园，属庭院餐厅。设计结合临沧当地的茶韵文化、生活及餐厅大环境为主题展开，用有限的空间做无限设计，最大化贴近生活。

一层花园

　　"只知饮酒能醉人，名茶胜酒醉十分。"临沧这座茶城，是普洱茶的原产地。茶韵搭配禅意，与自然和解。一层设禅意空间，入园即入景，其静谧意境令人心旷神怡，最抚人心。

　　入户道路用大块青石板与冰裂纹交替铺装，青石板天然的线条质感凸显出花园的立体感，冰裂纹自然断裂面的纹理冲击，丰富了空间结构。

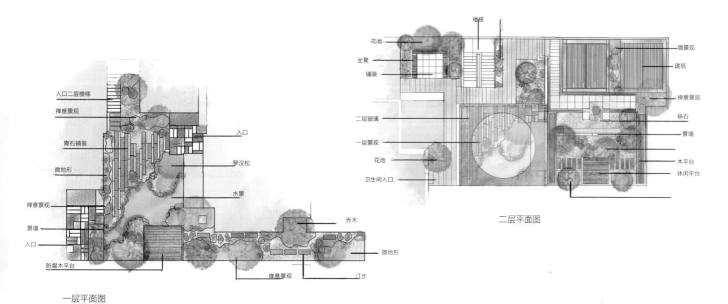

一层平面图

入口二层楼梯
禅意景观
青石铺装
微地形
禅意景观
景墙
入口
防腐木平台
禅意景观
汀步
入口
罗汉松
水景
乔木
微地形

二层平面图

楼梯
花池
坐凳
铺装
二层玻璃
一层景观
花池
卫生间入口
微景观
建筑
禅意景观
砾石
景墙
木平台
休闲平台

再往里走，中庭圆状玻璃天井使得建筑别具一番风味，天圆地方，人心无方，此处的中庭造景妙不可言。

亲水是人的天性，水源由月洞流出，两级跌水体现高低落差，形成落水景观，给人视觉、听觉、身心三重感受，韵味十足。

水景在自然式景观中是点睛之笔，驳岸的流线要呼应自然形态，生态的景观置石是首选。砾石铺装作为水的延续，寓意水景支流，亦利于排水。

踏一步青石桥过岸，赏小桥流水，观鱼翔浅底，至对岸凉亭休憩，静赏花园的每个角落。

屋顶花园

二层屋顶花园设现代简洁空间，造景以满足功能需求为主。上楼右转设有休闲坐凳，背靠花池，种植乔木以达到遮阴效果，营造舒适的环境，丰富屋顶层次。

简洁的道路将人们引向左侧景观，为避免单调，放置水钵、沙弥以点缀。道路采用防腐木园路及青石板汀步，疏密结合，中间搭一矮墙作为隔断，将休憩平台与花池隔开，独具一格，互不干扰。

植物配置

植物搭配方面，以绿色为主色调，配以花境草坪，局部搭配乔木及灌木增强层次感。以竹篱笆围栏来丰富背景，增强意境，留住人们的视线。

日式风格

案例10

晓梦园

◆ 项目地点：合肥市
◆ 花园规模：134m²
◆ 工程造价：30 万
◆ 设计师：楼嘉斌
◆ 设计单位：北京和平之礼造园机构
◆ 施工单位：北京和平之礼造园机构

▌项目概况

　　花园呈 L 形，园主喜欢日式风格，但又喜欢英式花境，委托设计的时候希望能把两者结合。家中有一孩童，想要给孩子一方天地，另外，还需开辟一米菜地给父母种菜。景观方面，希望室内能与室外互动。花园内最好能有一个茶亭，品茶洽谈。

　　根据园主的需求，设计师将花园分为了入口停留区、茶台禅坐区、廊亭休闲区及园中园区，其中园中园区包含菜圃和儿童娱乐区，充分体现出"花园虽小，却功能齐全"的特质。

入口停留区

　　推开花园门，首先映入眼帘的是质朴的老石板搭配碎拼小石铺装，两道木质屏风横向放置，隐去前方景致。道路两侧种植英式花境，与建筑风格形成呼应。向左望去，隐隐从植物间缝中看到园内精致的布景，促使人加快步伐绕开屏风，一探究竟。

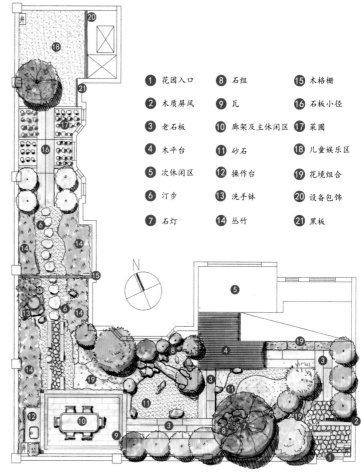

① 花园入口　　　⑧ 石组　　　　⑮ 木格栅
② 木质屏风　　　⑨ 瓦　　　　　⑯ 石板小径
③ 老石板　　　　⑩ 廊架及主休闲区　⑰ 菜圃
④ 木平台　　　　⑪ 砂石　　　　⑱ 儿童娱乐区
⑤ 次休闲区　　　⑫ 操作台　　　⑲ 花境组合
⑥ 汀步　　　　　⑬ 洗手钵　　　⑳ 设备包饰
⑦ 石灯　　　　　⑭ 丛竹　　　　㉑ 黑板

平面图

茶台禅坐区

　　绕开屏风后，便看到了建筑入口。木平台从建筑入口处一直延伸到花园内部，形成休闲平台，放一桌两蒲团，两人便能坐卧其上，欣赏园中美景。正对着建筑入口处放置一盏石灯和几块奇石，与鸡爪槭一同形成焦点景观。此处地势隆起，形成小山丘，即使坐于采光井后侧也能观赏得到。

廊亭休闲区

从茶台穿过石板路在廊亭入座，向东北角望，便能看到枯山水叠石组合。叠石高低错落放置，形成连绵山谷，石桥架于两岛之间，不远处鲤鱼腾跃。白砂象征溪流，枯水亦作真水。廊亭北侧均为枯山水组团，利用斜对角做景，视觉上更显宽阔。一条碎石汀步延伸至园中园入口处，依靠竹格栅为背景，设置洗手钵，成为廊亭内的第二处景观焦点。园中园内竹林与园外竹林相接，形成绿色背景。

园中园区

打开园门，穿过竹林，便是菜圃所在地，这里是老人的休闲娱乐之处。再往前走就是小朋友的世界，一方沙池可供3～4名儿童玩耍。另一侧建筑围墙上放置黑板，可供小朋友涂鸦。余下场地既可放置座椅，也可放置可折叠的玩具。

日式风格

案例11

禅意顶层花园

◆ 项目地点：上海市
◆ 花园面积：40 m²
◆ 设计公司：上海屿汀景观设计有限公司

▍项目概况

项目位于某别墅区的小高层顶层，需要穿过一个小小的阁楼，才能来到这个顶层露台。

设计思路

将阁楼当作茶室之用，席地而坐，目之所及，便是阁楼出户门的框景，那时我们便想，一定要在这方寸之地绘一幅山涧画，奏一曲清水音。

闲暇时于木栈之上置一桌两蒲团，推杯换盏，赏红枫之旁逸斜出，观锦鲤之起跃浮沉，清风徐来，水波不兴，山水之画就这样形成了。

行至东侧，平台渐宽，考虑到多人相聚需要大场地，且鱼池需要过滤仓保持水质，特将过滤仓置于平台之下，这也是因地制宜为顺应小空间而做的设计。平台背面格栅相间，可张贴字画，陶冶身心，彰显业主的品位。

细节详解

平台前方设有台阶，可行至底层，下面用砂砾满铺，并散置飞石，再用玻璃矮护栏围合起来，视线极为开阔。坐在案几或秋千之上，近观有汀石、幽径，意趣盎然，远视有万家灯火、茂林修竹，颇有一种"会当凌绝顶，一览众山小"的感觉。

回廊两头，一西一东，一合一开，一动一静，相映成趣。依梯而下至围栏，抬头凭栏以望月，低首抚草可嗅花，园艺之趣尽收于此。

植物选择

主要有罗汉松、铺地柏、红花檵木、春鹃、矮麦冬、红枫等日式元素植物品种。

日式花园打造秘诀

①"枯山水"又名假山水，是一种微缩式景观，是日式庭院的灵魂。

②沙砾主要模仿海面波纹和水纹来铺设，给人大海的遐想。

③庭院之中，洗手钵、石灯笼、竹水管等，都是营造禅意意境必不可少的元素。

④茶室在日式庭院里是不可或缺的存在，坐具低矮。

⑤植物选择多以苔藓、常绿植物为主。

日式风格

案例12

滨江悦容园

◆ 项目地点：四川成都
◆ 花园规模：180m²
◆ 设计师：杜佩娜、王琪、危聪宁
◆ 设计单位：成都乐梵缔境园艺有限公司

▌项目概况

该项目作为一处楼盘样板花园，在满足售楼部别墅花园功能需求的同时，融合了中式与现代风格，既有中式庭院的结构，又有日式花园的审美和便利性，这种定位的考虑，也是基于大众接受和喜爱的原因。

花园面积约180m²，足够日常户外所需，甚至还有一个面积很大的后花园及休闲木平台。整体格局上分为四个部分——后花园游廊、烧烤游乐区、会客休闲区、入户花园。

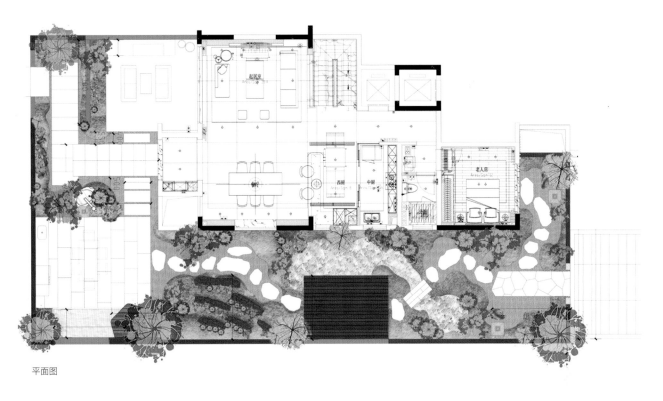

平面图

后花园游廊

后花园曲径通幽，雾气缥缈，踩着小石板铺就的小径，踏入这片游廊花园，感觉似乎来到了江南小镇。假山松柏、小桥流水，耳边听到的是潺潺的流水，心一下子就静了下来。

烟波氤氲中，人立小亭深院，像是要演上一出《游园惊梦》。"池馆苍苔一片青，惜花疼煞小金铃"，不到园林，怎知春色如许？

后花园里植物丰茂，羽毛枫、红枫、海棠、苔草、幸福树、狐尾天冬、龟甲冬青球、花叶鸭脚木等竞相争艳，还有各种蕨类和地被植物穿插其中。

烧烤游乐区

　　因实用性高，庭院烧烤正在被越来越多的家庭接纳。在花园面积够大的情况下，设置户外烧烤台是一个不错的选择。搭配一组长条餐桌椅，铺上餐桌布，摆上盘碟、饮料，就可以和家人享受一次完美的 DIY 花园烧烤了。飘香的孜然粉撒在油滋滋的五花肉上，立马引人垂涎三尺。

　　旁边的沙坑玩具、攀援墙、黑板、帐篷等，小朋友们又可以来一次游戏比赛了，尽情释放儿童的天性。

会客休闲区

客厅外屋檐下，一组对坐的沙发为室外活动提供了品茗小憩的空间。米白、原木色和谐地融入花园环境，加厚的高密度海绵坐垫和靠枕坐感舒适，可拆卸的软包组合设计，如遇下雨天，也能快速收纳并移动到屋檐下。

雨后天晴，沏一壶大红袍，最是适合茶与书的相伴，氤氲朦胧，偷得浮生半日闲……

入户花园

　　Z字形的走廊两边绿意盎然，植物简约的搭配既不失绿意，又不显走廊拥堵。透过隐约的格栅，"家"的感觉就在眼前。

　　转角的黑松是入户花园的点睛之笔，挺拔傲然，气质出众。富贵蕨、金毛狗蕨、肾蕨于地被上、苔藓、黑石间隙零星点缀，干净简约。

PART 3

现代
◆
风格

案例13

银亿领墅 ｜ 童趣花园

◆ 项目地点：上海市
◆ 花园规模：234m²
◆ 建设性质：花园改造
◆ 设计师：Mark、虞晨鸣、李铭铭
◆ 设计公司：上海东町景观设计工程有限公司

▌项目概况

作为花园改造项目，现场已有一定的设施，整体是比较传统的现代风格，美观程度以及实用度均不高，设施相对有些老旧。

园主对花园的改造要求非常清晰，希望能充分利用其大面积的优势，将美好生活填满，满足家庭需求以及观赏性。

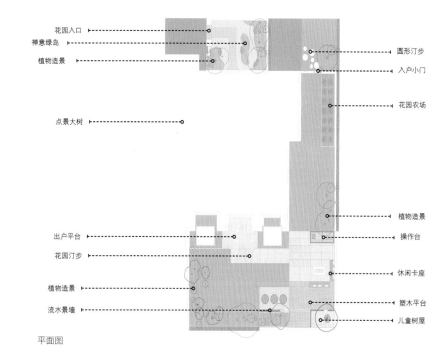

平面图

前院

前院是入户花园，因为这个位置的光线不是很足，所以设计了自然式的景观，以枯山水式的禅意绿岛景致将主人引进室内。进入花园，仿佛无意闯入了世外桃源，没有闹市的喧嚣，这样的氛围能使园主感到放松、惬意。

侧院

侧院现在是预留的一个空间，目前做了一部分的菜地，还有一个储物的小亭子，其余地方都是草地。如果后期菜地能够种好，应该会扩大规模，毕竟自家的菜园生态又健康，那种收获的乐趣，也有助于培养亲子关系。

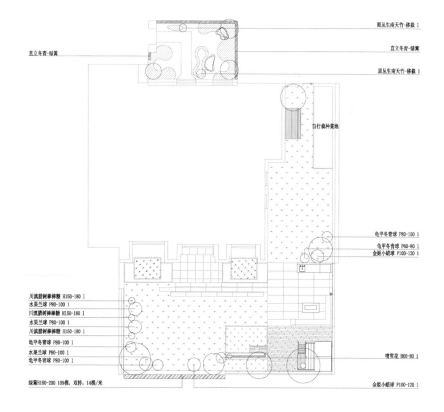

灌木平面图

后院

　　后院是整个空间的主花园区，占地最大，面朝阳光，呈现鲜明的现代简约风格。该区域景观动线划分清晰，私密与共享并存。其收放有致的节奏变化，令整个空间过渡自然，带给人不同的观景感受。华灯初上，孩子们饭后在此嬉戏，人好景美，好一幅岁月静好的画面。

　　后院共划分为 4 个小型区域：

1. 沙发区

　　沙发和操作台都是现场定制的，悬空设计的座椅不易积灰，方便打理。定制或购买室外家具时，除了它的造型设计要符合户外生活的要求以外，材质也必须经过特殊的防水、防晒、防腐技术处理，这样才能延长家具的使用寿命。另一方面，经过处理的材质会让平时的清洗与保养变得简单，为园主的生活带来便利。

室外家具挑选的基本原则

　　①功能与实用兼具。室外家具需要满足人身体实用性的舒适要求。

　　②设计的美感。作为景观装饰元素之一的室外家具，无论是设计还是工艺，都必须具有一定的艺术美感。

　　③情感的满足。户外的生活方式，已经越来越受到人们重视，户外家具能满足人们心灵上对时尚生活的追求。

　　④装饰与美化。将室外家具融入景观，能美化整体环境。

　　⑤与自然的联结。户外家具成为联结人与自然的纽带，方便人们更多地参与户外活动。

2. 植物区

　　植物区设置了一处以仙人掌类、多肉植物为主的沙漠景观，以砂石作介质，人工营造了风蚀岩层，打造出一片热带风光。放眼望去，这些绿色精灵们，或憨态可掬，或英姿飒爽，好不惬意。这类植物大多喜阳，较耐贫瘠和干旱，平时也比较容易养护。

　　草坪在这儿占了较大的面积，一来视野开阔，二来也方便孩子们玩耍。

3. 儿童区

　　儿童区里设置了树屋和吊床，都是孩子们喜欢的玩具。树屋作为景观小品，近年越来越受到更多园主的喜爱。它的功能非常多元化，可以储物，可以观景，甚至作为茶室用来品茗。

4. 水景区

　　因落差较小，流水景墙以单级跌水的形式呈现，其规则整齐的形态，与花园简洁明快的基调相协调。

　　当夜色回归，漫步庭院之中，氛围逐渐安静，耳边只留下潺潺的水声。

案例14

◆ 项目地点：江西南昌
◆ 花园规模：1000m^2
◆ 建设性质：新建项目
◆ 设计师：宋海波
◆ 摄影师：宋海波
◆ 设计公司：苏州纵合横空间景观设计有限公司

▌项目概况

　　此案临湖而居，属于两套别墅打通，临于湖面，一楼则是全敞开式的游泳池，贴近湖水。在花园的施工工艺以及考虑承重等方面，更多的是依据屋顶花园的做法与标准来实现的。

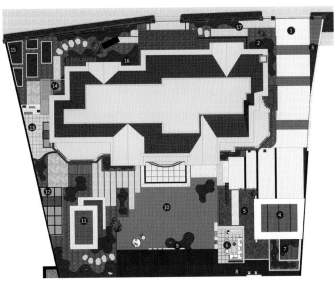

❶ 主入户门厅
❷ 悬空迎宾花坛
❸ 金镶玉竹
❹ 创意停车库
❺ 镜面水池
❻ party空间
❼ 造景花坛
❽ 眺望平台
❾ 对景景墙
❿ 阳光草坪
⓫ 休闲茶室
⓬ 通道功能室
⓭ 洗衣晾晒区
⓮ 创意廊架
⓯ DIY种植菜园
⓰ 果蔬林区
⓱ 休闲小道

平面图

水景

　　一组三个的黑色不锈钢流水口嵌于景墙之中，形成"秩序感"，景墙背后是具备三辆车并排停放功能的停车棚。为了追求美感，整个车棚由镀锌钢管加白色铝板打造，同时立面搭配黑色立柱削弱这个庞然大物的体量感。建成后的停车构架外观上完美融合景墙，二者更像是一个整体，来作为镜面水池的背景面存在。

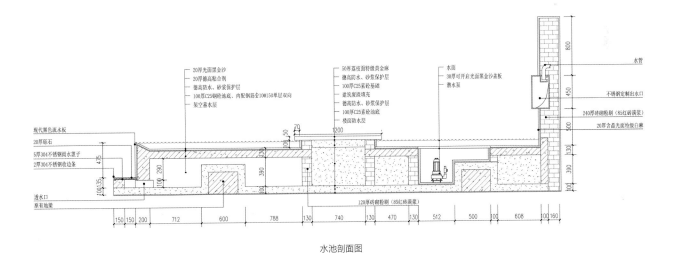

水池剖面图

流水景墙立面图

下沉休息空间

在整体花园的设计中，我们尽可能地打开了花园对于南面湖景的一个观赏面。依据建筑开间，将花园分为三段式进行景观营造。介于无法下挖的现场条件，我们在东面做了抬升式的镜面水景，从而变相地营造出来下沉式休息空间，景墙与休息区采用石英砖贴面。相较于传统花岗岩，其优点在于人工合成质感更为干净，更加适合设计的整体格调。

中段花园

中段花园区域是作为过渡性的景观存在，我们称之为"节奏"。"节奏"主要由阳光草坪和临湖塑木地板构成，并在其中盆景式地点缀重要置景树。无论是草坪的比例还是塑木地板的长度，都在有意放缓整个空间的节奏。这种行为就如同我们的人生一般，适当地放缓，让一切变得有秩序，生活便会更加从容……

户外茶室

再往西行，是花园的户外茶室区域。作为与下沉式休闲空间遥相呼应的角色，我们希望营造出来一种建筑灰空间的氛围。茶室整体以钢结构为主体，后期干挂石材，这样的做法，一定程度上减轻了构筑物对于建筑底板的负荷量。从建筑形式上来看，对于必要的结构支撑，我们化线为面，减弱结构的裸露感，立面将其全部打开，最大限度地吸收阳光、空气和景观。

室外家具的主要材质

① 木材。材质、工艺与防腐处理是挑选木材时不容忽视的问题。户外家具追求自然与原生态，造型通常比较粗犷、原始，与室内木质家具相比，建议少用花纹或雕刻装饰。

② 铁艺。好的铁艺制品通常手感比较光滑平坦，看起来比较有质感，色泽度饱满，亮度均匀。

③ 仿藤家具。选择藤质家具时，不妨坐上去试试，如果发出"吱吱"的声音，其材质可能不太好，

编织也不够紧实。

④ 布艺。户外的布艺产品，化纤类仿棉麻质感的装饰面料会较为适合，这类化纤材料经过防水、防霉处理，不易日晒褪色及出现霉斑。

⑤ 折叠家具。折叠家具的张合应轻松自如，松紧恰到好处。

现代简约风格

案例15

沉浸式花园

◆ 项目地点：浙江省嘉兴市

◆ 花园规模：200 m²

◆ 设计师：韩易凡

▌项目概况

这是一个沉浸式花园中心，在嘉兴的世界花园大会作为展馆使用，方便客人进行互动体验。

设计细节

首先，要定位庭院风格。庭院要体现个性化，设计之初就要有针对性地综合考量多方因素，比如场地现状、个体体验等，特别是对于小庭院项目，休闲、有趣是这个花园的主题。

其次，在现有场地条件下，应尽可能地满足客户功能性需求。由于来往客人较多，休闲的区域必不可少，设计师特意打造了一处聚会的空间，可以兼具用来烧烤。

烧烤台和休闲长椅采用了与铺装同色系的布艺坐垫及靠枕，长椅下方采用空层设计，方便收纳的同时，节省了更多空间。

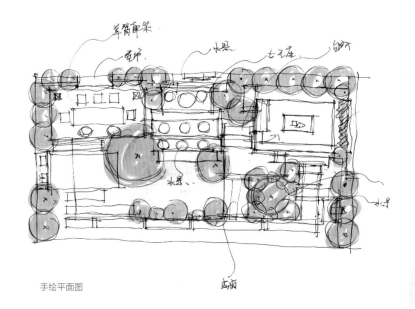

手绘平面图

生活是诗，庭院是笔。在庭院中心设置一处小小的涌泉，水由下向上冒出，富有动感，配上适宜的绿植和其他装饰小物，比如有设计感的灯具和座椅等，与家人共同享受欢乐时光。

室外家具摆设的流行趋势

①色彩强烈化。大胆的运色成为主流，对比色块或几何图案的组合都是不错的选择。

②多功能组合化。多功能家具在室内经常被采用，搬至室外也未尝不可。吻合客户意愿、尺寸和形状的户外组合休闲室逐渐兴起。

③形状轻薄化。家具趋向于精致的外轮廓，时尚、轻盈的外观越来越受到欢迎。

④可运动家具越来越受到欢迎，比如秋千和吊床等。

現代简约风格

案例 16

◆ 项目地点：重庆市
◆ 花园规模：600 m²
◆ 建设性质：花园改造
◆ 设计师：叶科、刘颖
◆ 设计公司：重庆市和汇澜庭景观设计工程有限公司

▌项目概况

江与城天矩项目的自然资源可谓得天独厚，集一线江景、高尔夫场地、滨江公园三大资源于一身。它与城市的距离较近，又能独享自然的静谧。

本案两侧为邻居花园，场地内有两棵香樟树，拥有正前方湖面景观，呈凹字形包围建筑。花园现状为两层，后花园为主要花园休闲区。在与业主沟通中，我们得知，业主喜欢简洁又不失大气的花园。根据这些要求，我们将花园风格定位为现代式花园。

初稿平面图

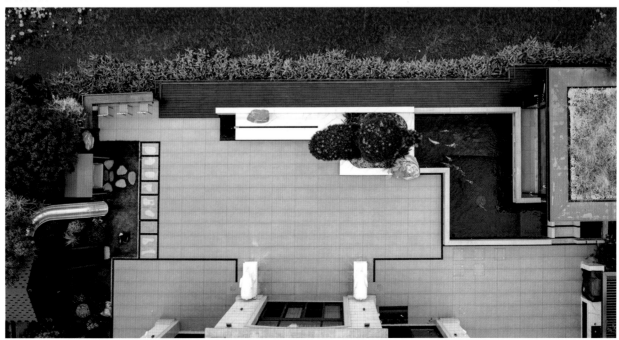

俯瞰图

设计细节

　　下花园作为主要功能区，设计师将茶室、鱼池、儿童游乐场、户外就餐区融合在一起，大面积的铺装使花园显得更为大气，同时也为业主举办户外聚会提供了场地。

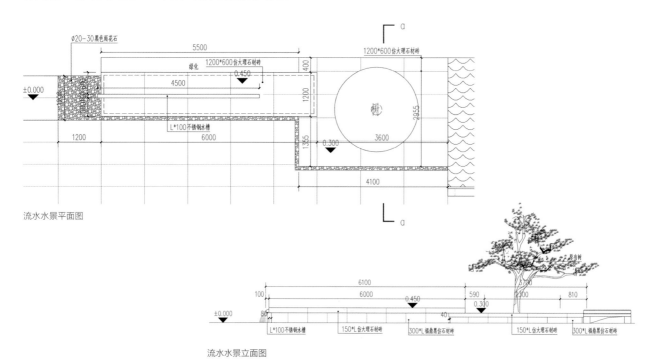

流水水景平面图

流水水景立面图

　　茶室是一个比较简洁的造型，在屋顶上覆土种了草坪，绿色环保。茶室的一侧是一片 Z 字形的鱼池，鱼池延伸过去便是 L 型的流水池，池边有一个现代风格的流水水景。

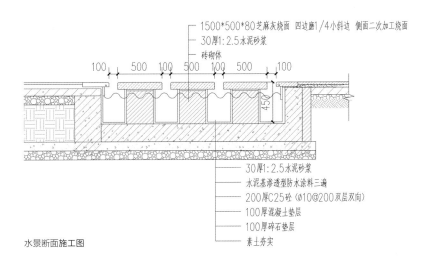

1500*500*80芝麻灰烧面 四边磨1/4小斜边 侧面二次加工烧面
30厚1:2.5水泥砂浆
砖砌体

100 500 100 500 100 500 100

450

30厚1:2.5水泥砂浆
水泥基渗透型防水涂料三遍
200厚C25砼(∅10@200双层双向)
100厚混凝土垫层
100厚碎石垫层
素土夯实

水景断面施工图

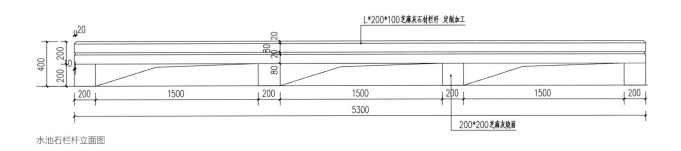

L*200*100芝麻灰石材栏杆 定制加工

400 200 200 20 20 80 80 80

200 1500 200 1500 200 1500 200

5300

200*200芝麻灰烧面

水池石栏杆立面图

茶室对面便是户外就餐区，优美的湖景与美食相得益彰。旁边的儿童游乐场为花园带来不少童趣，同时也为整个空间提供了活力。

小贴士

儿童游乐场在注重趣味性设计的同时，更应确保其安全性。由于儿童正处于成长发育期，对危险的判断与预防并不全面，尤其在游戏过程中，往往因为兴奋等情绪因素而忽略对安全的防护。因此，儿童游乐场的安全性设计至关重要。

現代自然风格

案例17

城市里的疗愈花园

◆ 项目地点：青岛市

◆ 花园规模：170 ㎡

◆ 建设性质：花园改造

◆ 设计师：魏大冬

▌项目概况

此项目是一个底楼花园，作为改造项目，业主提到了几个在花园生活中遇到的难题：

① 防腐木地板的腐烂问题；

② 木地板每年都需要维护，比较麻烦；

③ 收纳欠缺，各式各样的工具没有一个很好的地方去收纳；

④ 私密性差。

在沟通的过程中，我们发现，业主其实是一个非常热爱生活的人，特别喜欢花园，喜欢植物，所以，我们把风格定位于以植物为主的自然花园。

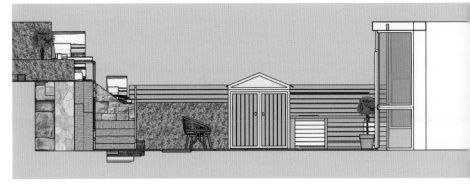

栅栏

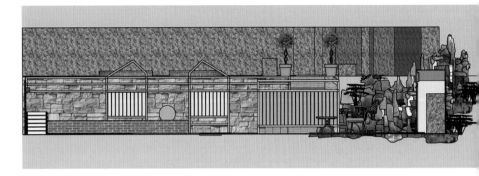

石墙

协调背景

首先要解决花园的背景不统一和私密性差的问题。背景在花园里起着非常重要的作用，统一又协调的背景不仅能够把花园风格统一起来，而且能更好地凸显花园的植物和构筑物。

花园背景用的是灰蓝色木制横条栅栏，高度1.8m。这种栅栏颜色干净却不突兀，木头的材质自带亲和力，横条也更具有稳定性，把立柱都隐藏到背面，让背景协调而统一。同时，我们保留了花园南面自然的石墙，用简单的线条做了几个装饰，也给攀爬植物提供了一个很好的抓手。

立面改造

建筑立面的改造也是背景不可分割的一部分，用了和护栏一样的材质，做了几个隐藏的储物间，可以储存长时间不用的杂物。

地面铺装

对于地面铺装，我们全部统一换成了天然石头，通过合理地规划曲线，让铺装范围恰好满足功能的需求，彻底解决了业主对原有木地板使用的痛点。

植物搭配

关于植物搭配，院子里原来种有一株超大的桂花，经和业主商量之后将之保留，还有一棵小玉兰，也保留在了原有的位置。

除了必要的框架植物外，我们用了大花葱和墨西哥羽毛草搭配，营造出一种梦幻园艺的感觉。植物种植一个多月后，到了大花葱花期，我们都被现场深深地震撼到了，这个搭配太漂亮了。

最后我们和业主也成了很好的朋友，她也特别享受新的花园生活，这些都让我们感受到这份工作的美好意义。

现代自然风格

案例18

桃花源私人别墅

◆ 项目地点：杭州市

◆ 花园规模：1200m²

◆ 建设性质：花园改造

◆ 设计师：赵奕

◆ 设计公司：上海无尽夏景观设计事务所

▌项目概况

　　这是一幢山地别墅，位于半山腰，后面靠着一座长满松林的山，前面视野开阔，可以俯瞰整个小区，在风景如画的杭州，的确是个逍遥避世的世外桃源。

　　业主在跑马拉松的时候看中了这个小区，也爱上了这个院子，果断买下，找了好多朋友帮忙设计。小径、平台、鱼池、亭子，院子里似乎该有的都有了，但越是工程接近尾声，就越是感觉少了些可用、可赏的地方，少了些许家的温暖，于是决定重新改造。

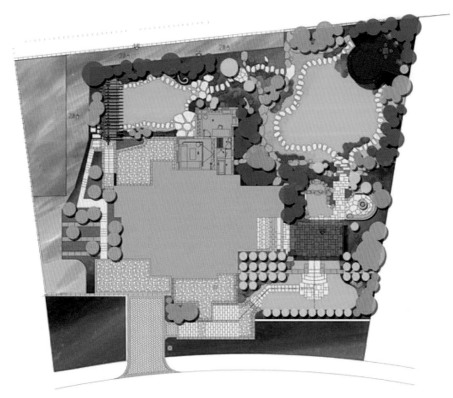

平面布置图

入口水景

　　入口的水景采用天然的石块砌筑，与山地周边的自然环境相协调，并顺应地势高差设计成跌水。人在池边走，鱼在水中游，偶尔泛起一阵涟漪，共同奏起一串人与自然的和谐音符。

　　对房子入口的坡地处理，其实也可以精致唯美，水景、置石、梯级与绿植的搭配衔接自然，恰到好处，静静地绽放出各自的美丽。

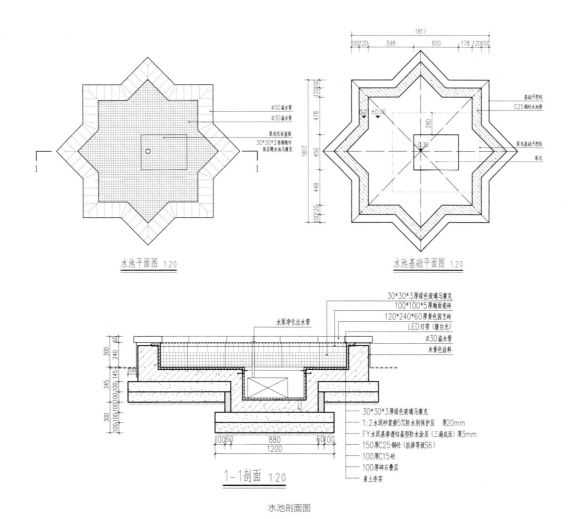

水池平面图 1:20

Ø30溢水管
Ø30溢水管
泵坑井盖板
30*30*3角钢制作
面层铺贴水池马赛克

1 1

水池基础平面图 1:20

1817
100120 598 600 178 120100

基础开挖线
C25钢砼水池壁
泵坑基础开挖线
泵坑

120120 478 450 448 120120
1817

280

±0.00
-0.30

30*30*3厚绿色玻璃马赛克
100*100*5厚釉面瓷砖
120*240*60厚黄色园艺砖
LED灯带(暖白光)
Ø30溢水管
米黄色涂料

水泵净化出水管

1-1剖面 1:20

300 240 60
345 100 100 100 145
300 100

100 60 880 60 100
1200

30*30*3厚绿色玻璃马赛克
1:2水泥砂浆掺5%防水剂保护层 厚20mm
FY水泥基渗透结晶型防水涂层(三遍成活)厚3mm
150厚C25钢砼(抗渗等级S6)
100厚C15砼
100厚碎石叠层
素土夯实

水池剖面图

烧烤区

由于面积够大，设计师在花园最深处安置了可以与朋友聚餐、聊天的户外餐厅、火炉，却又用山野感的植物将它们和院外的松林合二为一，不动声色地和周围得天独厚的自然环境融为一体。相对于公共的烧烤场所，这种庭院的烧烤私密性更强，也便于大家互动，增进情感。景石作为砌筑烧烤台最实用的材料，简单结实，旁边配置了工作台和坐凳，惬意自然，环绕的布局也有利于嬉戏与交流。

植物配置

对于自然的花园，可以把植物种植得更放松、更野趣。为此，设计师增加了一些英伦风的红砖墙、小水景，让整个花园更有细节，更加耐看。

同时，设计师还削平了山坡，却留下了自然长出的松树；安装了围墙，却用自然的景石植物将它进行了掩映。

山地别墅的造园小技巧

①不管是植物搭配还是阶梯式园路，独有的韵律感和层次感会让庭院更美。

②利用地形优势，蜿蜒的小道、高起的休闲平台和下沉式空间，都是可以延伸的设计。

③进行垂直绿化。对不同树种进行空间配置，形成一种垂直化的空间结构，丰富植物景观。

④打造层级跌水、瀑布或溪流。这是一种利用坡道优势打造水景的常见方式，坡道越陡，越能营造出一帘清澈的水幕。

⑤修建挡土墙。坡底修建挡土墙可塑造不规则的坡道，并扩展底部使用空间，同时围合出花园的私密性和包围感。

现代自然风格

案例19

紫禁壹号院

◆ 项目地点：北京市
◆ 花园规模：70m²
◆ 建设性质：花园改造
◆ 设计公司：北京和平之礼造园机构

▍项目概况

有别于传统意义上的花园，这个项目犹如生长在室内。

收到业主邀约时，室内已完工入住，留下一个 70m² 的露台，以及室内三处散碎小空间。小空间里摆放了简单盆栽，交由我们处理。受限于水电点位、光照、室内门窗洞口尺寸，摆放盆栽似乎是合理的选择，然而并不能满足业主对于生活品质的要求，于是设计在重重限制条件下展开。

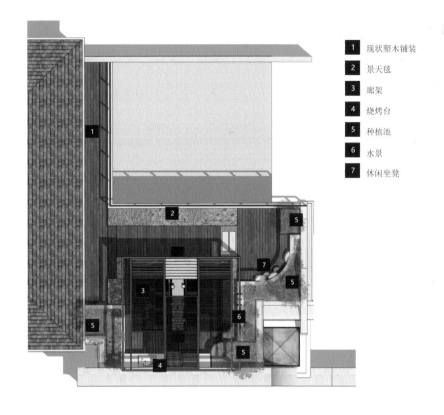

1	现状塑木铺装
2	景天毯
3	廊架
4	烧烤台
5	种植池
6	水景
7	休闲坐凳

露台

对于面积最大的露台花园，业主的需求是能够会客就餐，但随之也会带来舒适度方面的问题——暴晒、地面热辐射。如何像地面花园一样舒适，是几乎所有露台都会遇到的问题。

我们将休闲区的铺装抬高了两级踏步，使得铺装完成面高度与围栏基础高度相同，由此得到 30cm 深的覆土条件种植景天科草毯，从而达到植物在地面上生长的效果，打破露台生硬感。

此外，灵动的水景也是消暑利器，水声不宜过大，以免影响会客交谈，若有似无，鸟鸣山更幽。

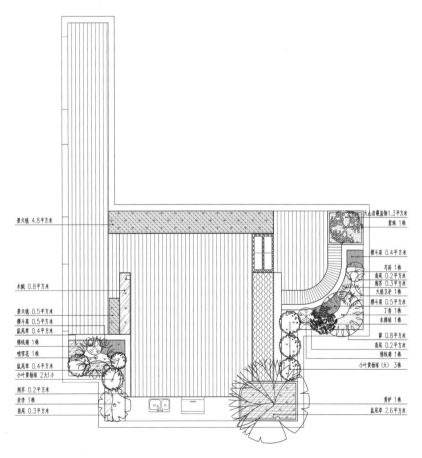

露台种植平面图

一层天井

　　室内一层会客厅一侧隔着落地玻璃门，有一方小小的南向采光井，此处阳光充足，但没有水电点位，浇水极为不便。因地制宜考虑，我们将此处造景确立为沙生景观。大戟科、仙人掌科、龙舌兰科的部分植物，其共同习性为喜阳、喜干旱、不耐寒，对水肥需求不大，生长相对缓慢，非常适合室内观赏，但由于它们多刺、易伤人，需要种植在远离人活动的区域，此处恰巧合适。

负一层茶室

　　负一层空间相邻北侧采光井，位于茶室尽头，观赏视线多由茶座而来，景观需要呼应空间氛围。由于此处进深较浅，视线焦点集中于平视，宜抬高种植平面，"悬浮种植池"的设计应运而生。

负二层

由地库进入室内，负二层门厅极具艺术感的旋转楼梯率先映入眼帘，楼梯底部的死角却使得观感大打折扣。在这样一个毫无阳光的空间，所幸留有电源，可以通过植物补光灯加以弥补。微弱的光照决定了此处只能选择喜阴品种，原生地阴湿的雨林植物成为不错的选择。

改造心得

受制于环境，也受启发于环境，四处小巧的场地从易被忽视的消极空间转变成各具特色的亮点。

① 阳伞替代廊架。露台面临的最大问题为阳光暴晒，设计之初，本想使用廊架屏蔽更多的阳光，但考虑到露台的使用时段大多是在傍晚至夜间，对遮阳的需求不是很高，于是用了灵活度更高的阳伞替代廊架。

② 北采光井内摆放了大盆春羽，虽耐阴，但无法室外越冬，于是改为了用种植池栽植竹子，保证楼梯间窗外四季常青。

③ 在空间不具备自然光的条件下，可接植物补光灯，满足耐阴植物的基本需求，进而提亮楼梯阴角。

现代自然风格

案例 20

中星红庐｜假日花园

◆ 项目地点：上海市
◆ 花园规模：1500 m²
◆ 建设性质：花园改造
◆ 设计师：Mark.Zhu、虞晨铭、李铭铭
◆ 设计公司：上海东町景观设计工程有限公司

▌ 项目概况

业主很注重设计的细节，这也是源于自己装修经验的积累，希望在庭院改造中，能满足家庭成员的不同需求，如儿童的户外生活空间、成人的生活艺术感、建筑及景观空间的关系以及室内空间的视觉延伸等。

设计理念

家就是一个放松的景观空间，可以看见星空，看见流水，躺卧在一个优美的环境中（家具的选择尤为重要），看见孩子在花园中无忧地奔跑，还有花园里的四季轮回。

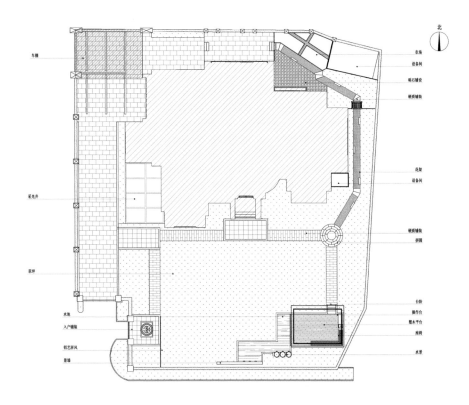

平面图

平面

　　从平面图上看，主体景观都是沿边设计的，中间有一块非常大的草地，家里的小朋友、宠物可以在草地上自由奔跑。

　　院子比较大，设计师种了两棵比较大的树木，花境设计也比较素雅。

玄关

　　花园的大门是宽铁门，为了保持私密性，避免客人一进门就对整个居室一览无余，设计师在此设置了一道玄关，这是客人从繁杂的外界进入花园的最初感觉。玄关以带有规则花格图案的透空铁艺栅屏作隔断，既雅致，又能产生通透与隐隔的互补作用。花纹图案与亭子图案是一致的，两者起到相互映衬、统一元素的作用。

定制铝合金烤漆　　　定制铝合金烤漆镂空装饰　　　定制铝合金烤漆
龙骨立柱80*80mm　　　　　　　　　　　　　　　　龙骨立柱40*40mm

6720

20 80 | 1200 | 40 | 1300 | 40 | 1300 | 40 | 1300 | 40 | 1300 | 80

2050 1985

520

屏风立面图

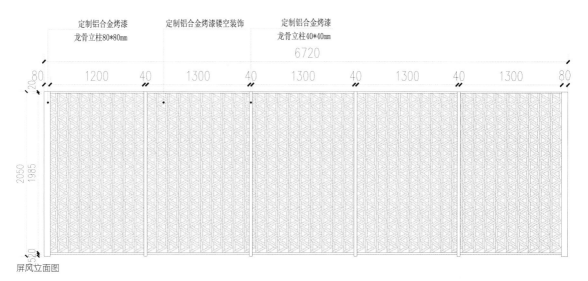

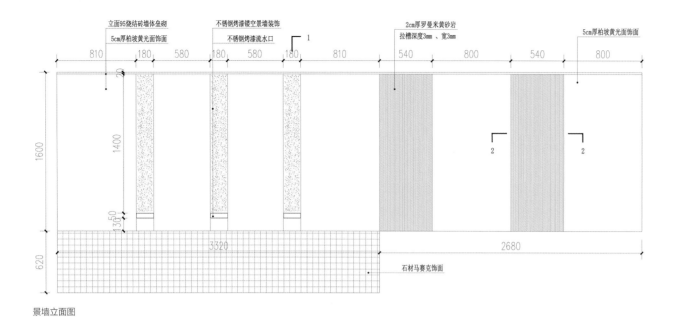

立面95烧结砖墙体垒砌
不锈钢烤漆镂空景墙装饰
5cm厚柏坡黄光面饰面
不锈钢烤漆流水口
2cm厚罗曼米黄砂岩
拉槽深度3mm、宽3mm
5cm厚柏坡黄光面饰面

810　180　580　180　580　180　810　540　800　540　800

1600

1400

50 50

3320　2680

620

石材马赛克饰面

景墙立面图

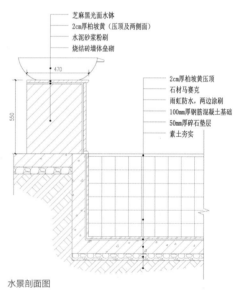

芝麻黑光面水钵
2cm厚柏坡黄（压顶及两侧面）
水泥砂浆粉刷
烧结砖墙体垒砌

470

550

2cm厚柏坡黄压顶
石材马赛克
雨虹防水，两边涂刷
100mm厚钢筋混凝土基础
50mm厚碎石垫层
素土夯实

水景剖面图

水景

　　水景沿用了近年比较流行的星空灯做法，线条简洁明朗，与主题墙面融合在一起。下沉式亭子旁边的水景采用了玻璃隔断，非常通透灵动。

美式、英式

风格

美式现代风格

案例21

上东玉林花园

◆ 项目地点：北京市

◆ 花园规模：220m²

◆ 工程造价：65 万

◆ 施工周期：60 天

◆ 设计师：杨德宝

◆ 设计公司：北京海跃润园景观设计有限责任公司

▌项目概况

此项目位于北京市朝阳区，建筑风格为欧式古典。花园环绕建筑四周，主要休闲活动空间为南院，两侧主要是通道及景观，北院显得更加温馨一些。

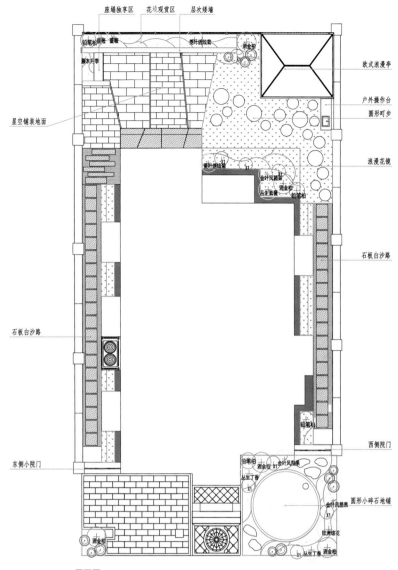

平面图

设计思路解析

经与业主沟通，了解到其从小是在美国旧金山长大，后回国发展，对古堡情有独钟。

经过几轮推敲，考虑到建筑和室内的装修风格，以及业主对室外花园"家"的归属需求，我们在设计上做了功能分区和使用动线的布置，对亭（停）的空间、赏花的空间、聚会的空间都进行了合理布局。

灯光方面也做了具体布置，可以营造出夜晚的浪漫氛围，贴合业主的西式生活方式。

细节详解

北院采用圆形的过渡空间，用花境进行高低组合处理，选用圆锥黄杨球、银叶菊等植物装扮，并把院门入口做了弱化处理，使空间更加开阔。

侧面小院的空间比较狭小，需要解决采光井的不美观和采光问题。设计时选用了薰衣草和小叶黄杨绿篱搭配，让空间看起来更加庄重。灰色石材和白色石子的铺装，使小径在空间上显得没那么生硬。

后院（南院）里建造了一个浪漫白纱亭，方便业主更好地休息和会客，软装家具的实用性与美观度相得益彰。窗边的花境呈现给我们另一种美的感受。阳光房外的长条桌椅，更是把花园聚会的氛围完美呈现出来。

植物选择

整体花园的基调采用暗色系的植物处理，让空间更显庄重、古朴，主要选用黄杨类、银叶菊、月季、绣球等植物进行配置。

庭院家具的种类

　　庭院家具的表现形式主要有永久固定型和可移动型两种。

　　① 永久固定的家具，包括亭子、石质桌椅等，这类家具一般较重，能防止户外环境的侵蚀。

　　② 可移动型的家具，如秋千、吊椅等，可以根据主人的喜好随处摆放。工作之余来荡荡坐坐，能适当舒缓压力。特别是有孩子的家庭，类似于给他们提供了一个室外玩具，也有利于亲子关系的建立。

英式乡村

案例22

了了花园

◆ 项目地点：西安市

◆ 花园规模：2000 m²

◆ 设计师：姚婷、吴倩倩

◆ 设计公司：上海无尽夏景观设计事务所

项目概况

花园身处深山，具有独特的地理位置，较大的高差使得地形变得较为复杂，而怎样处理高差、改善现场环境使成为我们设计的首要目标。在布局上，考虑到北花园为主入口，恢宏大气是这里的主旋律。南花园和西花园主要考虑花园生活的功能性与观赏性。

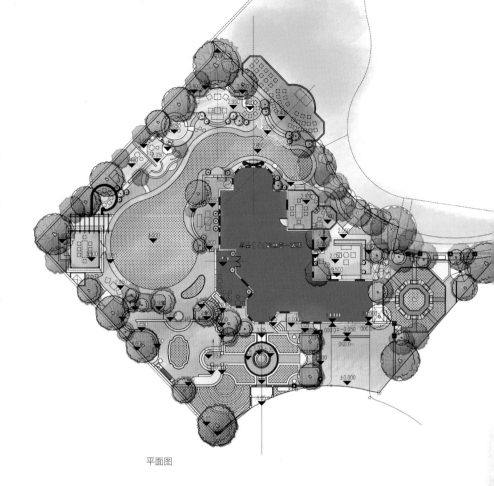

平面图

入口门廊

从花园外的路口抬眼望去，映入眼帘的便是嵌着铁艺窗花的英式砖墙与入口处白色浪漫的英式门廊。两株紫色丁香从墙后探出身来，在烟雾缭绕的远山衬托下显得尤为优雅。虽只是围墙，但却细节满满，砖墙和立柱

的砌法、压顶的变化、镂空的处理，无不透露着设计师的巧思。门廊的设计也几经修改才定稿，似透非透的装饰架攀爬着铁线莲，吸引行人驻足观望。

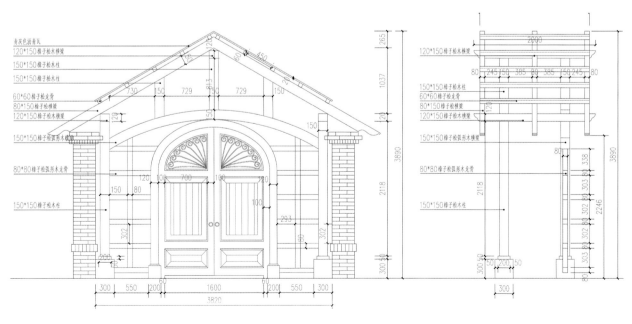

大门正立面图   大门侧立面图

中心花园（北花园）

北花园整体为英式经典的对称布局。走入花园，伴随着潺潺水声走在老砖铺就的园路上，迎面是灰绿色的英式臂架矗立在植物丛中，白色蕾丝帘幔在风中摇曳生姿。

沿着老旧的红砖路穿行在矮绿篱围成的花圃中，仿佛来到了中世纪古堡花园的入口。由于入口的花境面积较大，我们选用了大量的多年生植物作为骨架，再配以当季植物，四时之景皆有不同。每当春天，紫丁香开满枝头，是入口处最美的景象。

为了方便运输和安全，我们在花园里设计了坡道，隐匿在两旁红砖砌成的花坛中。花坛里是大小不同的球形植物和棒棒糖，白色的贝拉安娜绣球片植，给夏日的花园带来一丝清凉。早春球形植物中的郁金香星星点点，花期快结束时大花葱又像紫色的精灵一样探出脑袋，竞相盛开装点着这个角落。

沿阶而下，是前后花园过渡的空间，一片绿色的草坪恰到好处地打破了沉闷的铺装。

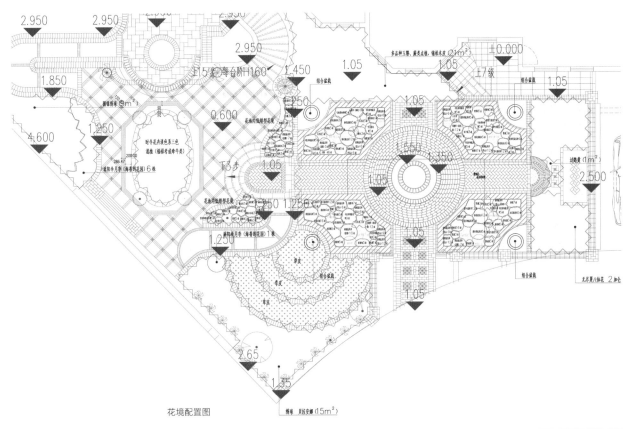

花境配置图

南花园

由于南北花园的高差较大，经慎重考虑，最终决定做成对称的双边台阶，且一边为方便花园劳作与运输设计成坡道。台阶两侧的墙壁随地势缓缓升高，中间的墙面上装饰着三面灰绿色的弧形玻璃门，从草坪的尽头望去，形成一幅纵深感极强的画面。

从两旁的阶梯和坡道而上进入南花园，迎面是开阔的阳光草坪、蜿蜒的红砖小路、舒适惬意的廊架、郁郁葱葱的植物和远处层峦叠嶂的山景。

为了充分满足休憩、下午茶、家庭聚餐等花园生活，我们设计了不同的空间。沿着红砖小路走向花园深处，白色拱形回廊隐藏在高低错落的植物丛中，红砖墙与灰绿色的装饰网片结合，小小的空间也处处是细节。

从南花园出户平台望去，对景便是花园的主廊架。作为花园最大的聚会空间，主廊架体量并不大，而是在一侧设计了一段连廊。坐在端景处的英式座椅上，绿阴蔽日，甚是惬意。穿过连廊便是主廊架下的生活空间，弧形的操作台将花园变得更为便捷。

坐在高低错落的红砖墙和壁炉、白色廊架、镂空的铁艺窗花前，身边满是充满生活气息的装饰品，阳光透过廊架洒向地面，生活如此美好。廊前是一条矮矮的弧形墙，墙边点植着沙生植物，铺上砂砾，充满异域风情。

穿过木门进入另一个通往水池的花园，潺潺流水使得整个花园灵动起来。西面的山溪是花园得天独厚的条件，山上的溪水缓缓流下，滋养着一方荷花池。临水是壁炉区，是花园聚会交流的最佳场所，既能看到阳光草坪，又能观赏池水中的荷花。

西花园

经过拱门往花园西面穿行，一个蓝白色连廊出现在眼前，廊下好像一个古董杂货商店，琳琅满目的杂物装饰着廊下的空间。西面留存了很多场地原有的大树，林阴下我们种植了多种耐阴、半耐阴植物，如牛舌草、玉簪、落新妇、绣球等。

西面花园的边界处留下了原有的三棵紫叶李，春天满树繁花，坐在树下的小桥上，风轻轻吹过，落英缤纷。这也是设计时没想到的画面，有时花园本身就会带给我们意想不到的惊喜。

走出林阴是一片园艺菜地，即使是最隐秘的角落也不乏对细节的处理。铺装、操作空间、设备房都做了精心的设计。

PART 4

混搭
◆
风格

◆ 项目地点：北京市
◆ 花园规模：389 m²
◆ 设计公司：北京和平之礼造园机构
◆ 施工单位：北京花园梦工坊园林工程公司

▌项目概况

这是一座相当理性的花园，场地并不集中，大致分为 3 个相互关联的区域：一处是被会客厅、和室、起居室和连廊所环绕的中庭；一处是起居室外最开阔的南花园；还有一处是二层卧室外的露台。三个区域相邻的室内功能区各不相同，由此各个区域所被赋予的功能属性也各具差异。

花园最显而易见的理性之处，在于各区域的设计皆由场地属性确定基调，并由此展开。

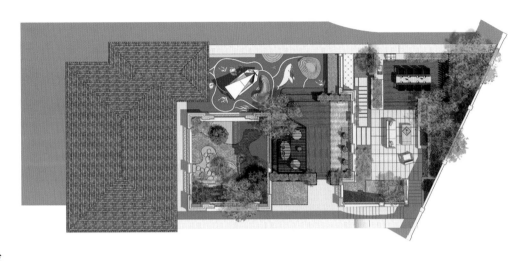

中庭

中庭四面皆为落地玻璃门，通透的玻璃使得折叠门即便关闭也不影响室内外的交互关系。若将折叠门打开，中庭景观将被全部纳入室内，反之，室内空间亦可看作是室外的借景。室内外的虚实转换决定了中庭的"坐观"属性，关上门，中庭犹如水晶球中精妙的小景，宁静而与世隔绝；折叠门全开，隔绝打破，花香、虫鸣、流水瞬间生动跃然眼前。

被建筑环绕的中庭，四周视线、四季景致是设计之重，松树、枫树、樱树姿态或端庄或洒脱，共同撑起中庭骨架，也温柔了四时轮回。落花逐流水，一湾浅水加上叮咚水声给静态风景注入了自然的灵魂。碎石、汀步、老石板蜿蜒相接，不着痕迹地联系起各个出入口，无论相邻的哪个房间，都可以直接步入中庭，近看草木枯荣。

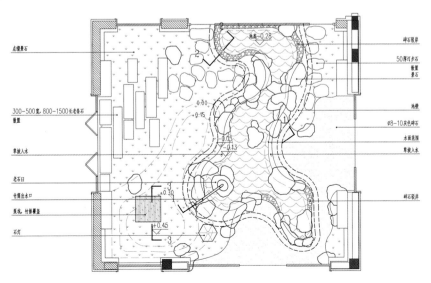

中庭平面图

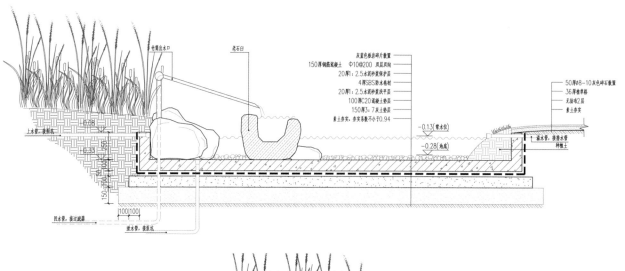

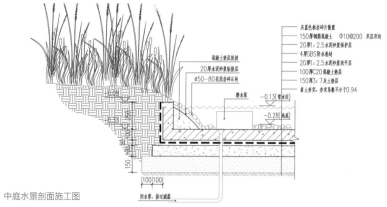

中庭水景剖面施工图

南花园

　　南花园场地开阔，阳光充足，面宽与建筑等同，所毗邻的室内空间除了起居室，另有东侧的客房与西侧的儿童游戏房。L形户外楼梯倚靠西侧围墙向上连接露台。南花园为典型的后院空间，从建筑大门进入，穿过一系列室内空间最终抵达，成为起居室的延伸。至于东侧的客房，则需同开放、热闹的花园拉开些许距离，以维持其私密性。

　　承载聚会功能的南花园场地虽然开阔，却不够端正，东西两侧院墙皆与建筑垂直，唯独南侧围墙呈大斜边。为了避免这种倾斜带来视线关系错乱，花园南侧设置了壁炉景墙取直，景墙与围墙的夹角空间则种植各种乔、灌木，模糊花园边界，同时提供遮阴。

　　场地正中以壁炉为核心展开的是户外客厅，东侧相邻的是具备户外操作台的就餐区，就餐区抬高了三步台阶，以便同户外客厅拉开层次。户外操作台背朝一层客房，以植物组团进行视线遮挡。就餐区南侧设置格栅，掩映

东南夹角过于深厚的种植，避免杂乱，同时延续景墙的横向线条，进一步取直边界。

　　西侧户外楼梯下部空间消极，部分加以密封作为工具房，隐藏设备。儿童游戏房窗外则是在碎石区中点缀耐阴植物，提亮角落。紧靠楼梯边界设置简约水池，水中点缀一株鸡爪槭作为点景树。L形楼梯环绕点景树转折向上，消除生硬感。

露台

　　拾级而上，便到达了主卧和儿童房外的露台，场地同样开阔，空间性质却大不相同。此处的相邻空间皆为卧房，不便为客人打扰，对花园的需求更倾向于家庭空间。如果说南花园承载的是男主人张罗的朋友聚会，露台则是小家庭悠闲、休憩的选择，至多也只是作为女主人下午茶的场所。

　　露台舒适度首当其冲，然而位于屋顶的露台四周毫无遮挡，全天暴晒，遮阳、降温成为设计重点。花园设计之时，业主将迎来宝宝降生，家庭休闲区自然要考虑宝宝的游戏和亲子互动需要，这成为设计的第二重要点。

　　遮阳、降温方面，廊架和大树自不必少，除此之外，在没有覆土、大面积硬质的屋顶上，减少石材面积，取而代之地采用木质铺装、扩大种植面积、设置水面都能有效降低屋面温度。

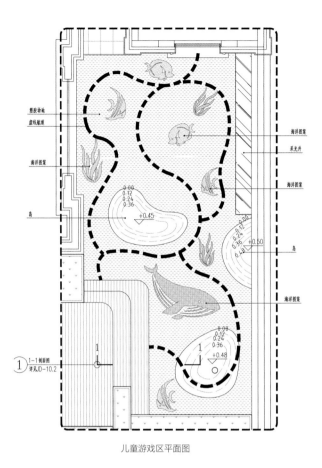

塑胶场地
虚线航道
海洋图案
海洋图案
岛

海洋图案
采光丼
海洋图案

0.00
0.12
0.24
0.36
+0.45

0.00
0.12
0.24
0.36 +0.50
0.48

岛

0.00
0.12
0.24
0.36
+0.48

① 1-1剖面图
详见JD-10.2

儿童游戏区平面图

由于业主未来至少要养育三个孩子，儿童游戏区需要兼顾男女宝宝的喜好。幼儿的想象力是其游戏的原动力，玩法单一、死板的设施玩久了会容易让孩子腻烦。考虑到这两方面因素，儿童游戏区的设置以情景化设施为主，为孩子的想象力搭建舞台，主题则为广受孩子欢迎的海洋。

地面采用蓝色海洋图案的塑胶，柔软的质地保护孩子免于磕碰伤害；"海洋"中三个小岛耸立，"航线"绕行期间，灯塔点亮方向；盛满细沙的海盗船航行在"海"上，男孩子可以借此扮演海盗船长，女孩子则能幻想自己是小美人鱼……儿童游戏区旁刻意放宽的台阶，便于家长就近坐下陪伴。

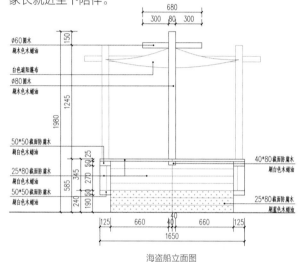

ø60圆木
刷木色木蜡油
白色遮阳蓬布
ø80圆木
刷木色木蜡油

50*50截面防腐木
刷白色木蜡油
25*80截面防腐木
刷白色木蜡油
50*50截面防腐木
刷白色木蜡油

40*80截面防腐木
刷白色木蜡油

25*80截面防腐木
刷蓝色木蜡油

海盗船立面图

混搭风格

案例24

龙湾别墅｜东园

◆ 项目地点：北京市
◆ 花园规模：700m²
◆ 设计公司：北京和平之礼造园机构
◆ 施工单位：北京和平之礼造园机构

■ 项目概况

　　本项目位于北京市顺义区的中央别墅区，面积为 700m^2，花园大部分面朝人工湖，主要划分为前庭花园、中庭花园、主花园和露台花园。

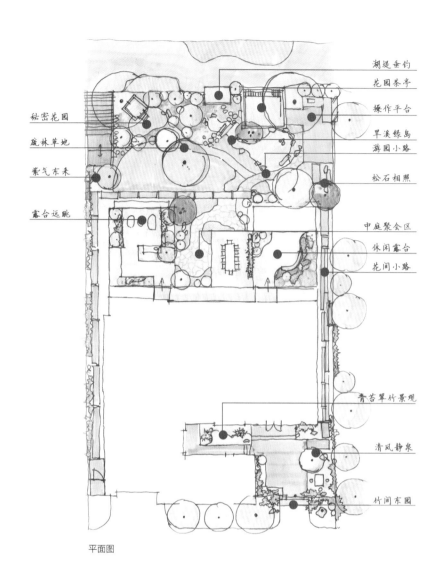

秘密花园
疏林草地
紫气东来
露台远眺

湖堤垂钓
花园茶亭
操作平台
旱溪绿岛
游园小路
松石相照
中庭聚会区
休闲露台
花间小路
青苔翠竹景观
清风静泉
竹间东园

平面图

前庭花园

　　修长的罗汉竹掩映着气派的铜质院门，展现出东园独有的端庄优雅气质。前庭花园位于院门与室内主入户门之间，由于建筑结构设置问题，两道门形成了门对门的关系，过于通透，于是设计师在两道门之间靠右一侧栽植了一株姿态非常饱满且造型独特的青枫，营造出"犹抱琵琶半遮面"的意境。经过一个寒冬后，青枫的茁壮生命力以及唯美的叶片在午后呈现出的斑驳光影，让业主爱惜不已。青枫树下，将一块富有历史印记的老石板与几块雕花石墩进行重组，形成一处幽静闲适的小坐区。

　　前庭花园不仅有迎来送往的观赏价值，也为老人房提供观赏面。在老人房与主楼楼梯间两扇落地窗之间打造枯山水小景观，栽植苔藓等阴生植物，在地形与砂石的营造间形成山水之势。

中庭花园

中庭并非室内空间，它位于建筑南侧，由客厅、餐厅、茶室的建筑外墙三面围合。中庭花园功能上是室内餐厅的延伸，方便花园就餐、多人聚会。为了增强休闲区的小气候环境，建造地势起伏的植物绿岛，栽植有紫竹、枫树、造型黑松、红豆杉、芍药、牡丹等植物，增强花园与室内多维度观景的效果。此外，在中庭花园中，可以180°观赏主花园景致。

主花园

主花园面积约400 ㎡，南侧临湖，东西两侧湖堤处各有一株原生柳树，为花园提供充足的遮阴功能。为满足业主对花园的观赏需求以及使用需求，设计师进行充分的场地分析后，将花园规划出两个主题——英式自然花园和中式茶亭花园。

主花园东西两侧之所以在风格定位上采用截然不同的方式：原因之一是与建筑的空间关系，茶亭旱溪景观区正对建筑内茶室，整扇落地窗将花园框至画中，而西侧英式自然花园所对应的是建筑内的餐厅，两者一静一动，呈现的花园氛围大不相同；原因之二是兼顾到业主的喜好，家庭成员中男主人低调谦和，女主人热情大方，女儿活泼好动，每一位成员在花园中都可以找到属于自己的小天地。

沿一条人工雕琢的石板路穿过旱溪，缓慢步入到花园深处，路径狭窄且悠长，宛如在画中游览。位于西侧柳树下的木质茶亭，是在地形推敲及模拟实验后设置的

一处舒适户外品茶区。茶亭倚靠湖水，既可观赏湖中鱼儿嬉戏，又能欣赏青松、绿岛、白砂、理水。旱溪中的六方石涌泉，与湖水好似有着巧妙的联系，茶亭旁的钓鱼平台则是老人消遣时光的场地。

穿过汀步和石板桥，到达花园的碎石小径上。小径蜿蜒至花园的东南角，道路两侧植物掩映，花朵竞相绽放，低矮的宿根花草偶尔探到小路边沿，这里可以欣赏到非常丰富的植物景观。穿过蜿蜒的花境，树屋静静倚靠在柳树下，白色帷幔轻柔地摆动。树屋足够容纳2～3人，是小女儿的秘密花园基地。英式自然花园中保留了大面积的草坪，草坪中孤植一株高大挺拔的海棠树，春观花、夏乘凉、秋冬观果，有着极高的观赏价值。由餐厅的玻璃窗向外望去，可以欣赏平坦的草坪、错落有致的英式花境、柔美的垂柳枝条，落成后的花园完美实现了设计师和业主对花园的所有期待。

露台花园

露台作为二楼主卧和次卧的延伸花园，设计师考虑到景观与室内的互动关系，通过箱体种植的方式解决植物覆土问题，尽量将种植区扩大，增加种植层次，让业主在室内也能享受被花园包围的感觉。主卧露台的休闲区设置在靠南侧玻璃围栏处，业主可以远眺地面花园和湖面。女儿房露台种植区更为灵动，运用弧形种植池与木质坐凳结合的形式，给孩子留出充足的活动空间。植物也选择符合孩子喜好的品种，颜色以粉色与蓝紫色为主，而且易打理、低维护。

混搭风格

案例25

海珀晶华别墅

◆ 项目地点：上海市
◆ 花园规模：580m²
◆ 设计公司：上海屿汀景观设计有限公司

▋项目概况

本项目坐落于上海某独栋别墅小区内，为典型的法式建筑，拥有典雅的比例、对称的布局、细腻且温润的质感。对于花园的风格，业主希望能和建筑整体风格协调，满足日常的生活需求，比如配备有菜园、聚会区、遛狗的区域等。

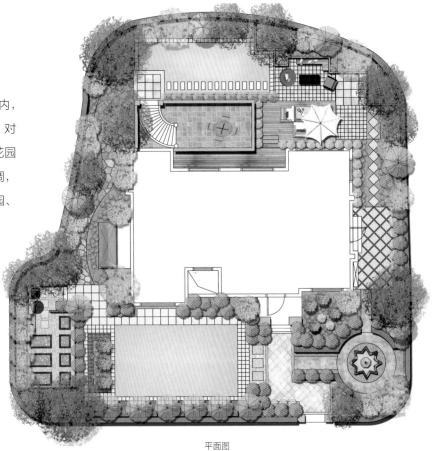

平面图

设计思路

庭院作为建筑的延伸，既是户外活动场地，也是公共区域到私人领域的转换空间。在风格的打造上，庭院尽量贴合建筑，使之在视觉上形成一个整体。为此，我们采用了精美别致的喷泉水钵、规整的模纹绿篱、干净清爽的大草坪与之呼应。

在功能体现上，喷泉既是入口处的对景，也是行走路线的分流岛，潺潺的水声就好似一曲迎接宾客的悦耳乐曲。

花园改变着我们的生活，有了这一处大草坪、一亩田园地、一方会客区，孩子和宠物就有了家门口的露营地，老人有了果蔬种植的充实感，男女主人也有了露天烧烤、户外社交会谈的良好环境。

园路铺装

铺装选用整块石材铺贴，摒弃了以往的收边处理和繁杂的装饰纹理等，尽量简约。色彩选择了与建筑统一的暖黄色调，统一整体基调。日落黄昏之时，走在侧园的小路上，在银杏秋黄的包裹中，享受着此刻的岁月静好。

植物选择

　　植物搭配本着品种少、数量多的原则，主要选用绿色植物，避免多色交杂，过于花哨。搭配的植物主要有瓜子黄杨、海桐、欧洲月季、棒棒糖小叶女贞、夏鹃等。

　　为营造四时之景，花园中还种植了一些开花植物，如月季、紫娇花、百子莲等比较素雅的花卉，以片植手法种植，营造整洁、简约、大气的园林景观。

法式花园打造秘诀

　　①点状水景较多，雕塑小品丰富，色调明快。

　　②布局上突出轴线对称，注重比例，体现清晰明朗的园林风格。

　　③园林色彩以绿色为主，多选用常绿树，基本上不用五彩斑斓的花卉。

摩洛哥花园

◆ 项目地点：成都市
◆ 花园规模：40m²
◆ 建设性质：新建项目
◆ 设计师：杜佩娜、危聪宁、王琪
◆ 设计单位：成都乐梵缔境园艺有限公司

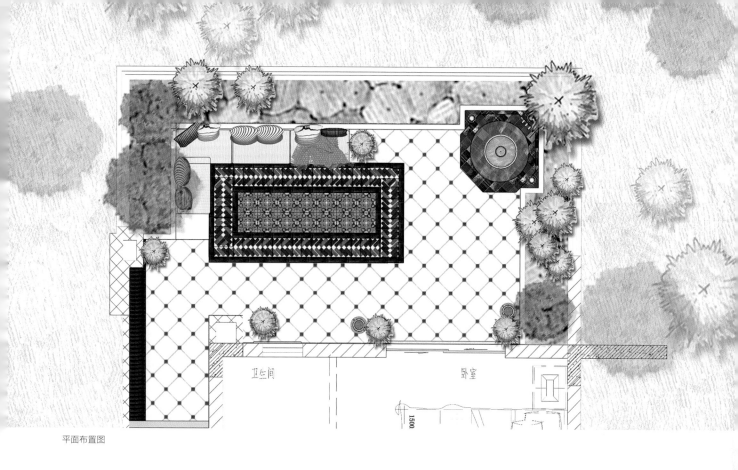

平面布置图

▉ 项目概况

项目位于成都市黄龙溪，设计师在 40 m² 的空间里，满足了人们对奇幻秘境的无限遐想，带我们走进属于中世纪的浪漫空间。整个花园呈 C 字形，鲜艳的色彩搭配、对称的秩序组合、传统元素图案和精细的雕刻，让原本普通的花园变得充满异域风情。

一物一景皆有风情

摩洛哥人十分钟爱绿色，视其为春天和美好的象征。花园内部采用大面积白、绿撞色搭配，再加上传统几何图案装饰，经过叠加组合，在自然中体现出节奏与秩序之美。

花池里大多选用耐旱植物，打造热带小场景。莫兰迪黄色系墙体、肆意生长的绿植、纯粹的白色陶器花钵，通过这些软景进一步凸显摩洛哥的风情韵味。

纹样，通过巧妙组合还原风情

　　大胆的色彩和几何纹样还原了独属于摩洛哥风情的本质之美。在花园地面及墙体踢脚线设计上，用白、绿相间的马赛克花砖进行图案拼接。地砖的样式既可以划分出小空间的秩序感，也可以创造出风格的变化，仿佛是一段动静结合的美妙乐章。软装抱枕同样选择几何线条图案，与花砖的纹样相呼应。

清泉，为艺术气息增添活力

　　设计师特意在花园一角设计了一处喷泉，边饰采用与整体花园色系相同的绿色，增加金色的花纹方砖，清泉翻涌、南风沉醉，为花园带来更多活力。

常青，用耐旱和常绿植物实现

花园的外围植物以营造"绿洲"为核心，有虎尾兰、万年青、鹤望兰、龟背竹等，再辅以多肉植物，打造出丰富的绿植层次，下垂的绿叶和仙人柱等与建筑形成了鲜明对比。

盆器，纯粹又不可或缺的点缀

花园中，素雅白净、造型简单的大小花钵和陶罐相映成趣，里面种植着木槿棒棒糖、美人蕉、万年青等植物，再加以彩色多肉植物进行点缀，干净简约，穿插在花园之中，增加了绿植空间。

盏灯，点亮花园的夜间色彩

精细雕刻的金属器皿也是摩洛哥风格的典型元素。每当夜幕降临，点亮一盏盏镂空风灯和壁灯，暖黄灯光映照出别样的花纹，感觉空气都风情万种起来。伴随着喷泉的杂音和微风中枝丫的沙沙作响，在夜晚的花园里，不觉间联想起了那个遥远却迷人的国度，恍然回神，发现异国的浪漫其实就在眼前。

保利530别墅

◆ 项目地点：重庆市
◆ 花园规模：950m^2
◆ 建设性质：花园改造
◆ 设计师：叶科、刘颖
◆ 设计公司：重庆市和汇澜庭景观设计工程有限公司

1. 车库门	8. 休闲区铺装	15. 休闲平台
2. 花园门	9. 休闲坐凳	16. 操作台
3. 实体墙	10. 出户平台	17. 观景平台
4. 景观树	11. 特色嵌草梯步	18. 吧台
5. 车库铺装	12. 驳岸水景	19. 步道
6. 植物整治	13. 植物造景	20. 景观节点
7. 花架	14. 梯步草坪景观	21. 花园菜地

■ 项目概况

本案花园呈回字形围绕别墅，周边植被丰富，花园内部高差关系较为复杂。现场存在的主要问题有：功能分区零碎无主题、空间架构层次不清、植物较为杂乱、视线交点处缺少立面景观节点、软装单一等。

在与业主的交流中，能感受到业主是一个极具浪漫情怀之人，崇尚简约时尚、休闲温馨的生活方式。

设计细节

花园面积较大，为保持原有生态，在合理利用原有花园的基础上，划分出重点改造区域与植物软装整治区域。

为改变花园零碎、无主题的现状，将整个花园分为了入户区、通道露台区、菜地区、观景区、后院景观区和后院休闲区六大区域，并明确每个区域的主题和功能。

针对花园沉降的问题，采取相关工程措施减少沉降。选用干净、好打理的材料，并通过合适的软装来丰富花园内容。

入户区干净整洁、充满绿意，从这里步入温馨的家，幸福的生活才刚刚开始。

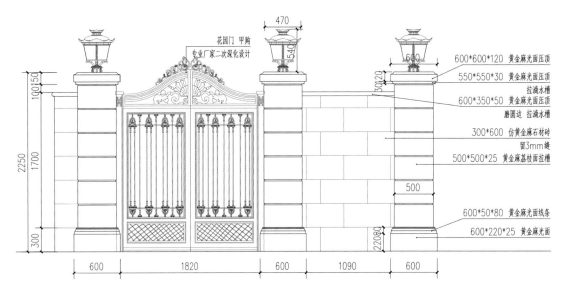

花园门 甲购
专业厂家二次深化设计

600*600*120 黄金麻光面压顶
550*550*30 黄金麻光面压顶
拉滴水槽
600*350*50 黄金麻光面压顶
磨圆边 拉滴水槽
300*600 仿黄金麻石材砖
留3mm缝
500*500*25 黄金麻荔枝面拉槽

600*50*80 黄金麻光面线条
600*220*25 黄金麻光面

围墙立面图

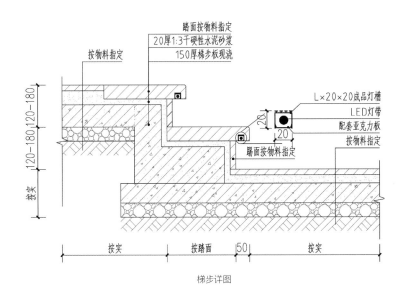

踏面按物料指定
20厚1:3干硬性水泥砂浆
150厚梯步板现浇

按物料指定

120-180 120-180

按实

L×20×20成品灯槽
LED灯带
配套亚克力板
按物料指定

20
20

踢面按物料指定

按实 按踏面 50 按实

梯步详图

沿着阶梯拾级而上，后院景观区与休闲区自然而干净的场景让人心情愉悦。廊架下，无论独处或是与亲近之人相伴，绿意环绕之下，开放的空间里始终充满着舒适感。格栅的光影、前方的流水、倾泻的天光与云影交汇在一起，让场景与生活变得更为丰富。

太阳从树的间隙洒下一线天光，斑驳流动，苍翠的草木用生命力填充了整个景观区。高大的树木阻挡了过于炽烈的阳光，斑驳的树影下，一杯茶，一本书，在这里闲坐，偶尔抬头看看不远处，有人悠闲地打着高尔夫，便能体会一种生活的诗意。

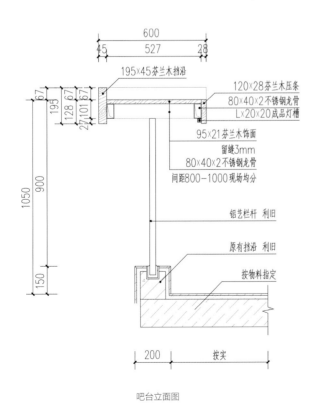

600
45 | 527 | 28

195×45芬兰木挡沿

120×28芬兰木压条
80×40×2不锈钢龙骨
L×20×20成品灯槽

95×21芬兰木饰面
留缝3mm
80×40×2不锈钢龙骨
间距800-1000现场均分

铝艺栏杆 利旧

原有挡沿 利旧

按物料指定

67
195
128 | 67 | 67
27 | 101 | 67

1050
900

150

200 | 按实

吧台立面图

混搭风格

案例 28

阅园

◆ 项目地点：贵阳市
◆ 花园规模：1300m²
◆ 工程造价：500 万
◆ 设计师：王治
◆ 设计单位：上海庭匠实业有限公司
◆ 摄影：林涛

▌项目概况

本项目是一个前后院地势上有着较大落差的回游式庭园。以山水为设计主旨，结合自然石材与鱼池，借景寓情，把建筑、山水、植物、小品有机融为一体，在有限的空间里表现出无限的自然美。

1. 入户铺装
2. 禅意景观
3. 迎石
4. 冰裂纹铺装
5. 木平台
6. 硬质铺装
7. 鱼池
8. 浅滩
9. 弧形挡土墙
10. 休息座椅
11. 跌水瀑布
12. 汀步
13. 溪流
14. 石板桥
15. 水洗石园路
16. 龙门瀑布
17. 草坪
18. 茶亭
19. 游泳池

平面图

茶室

茶室风格以现代简约为主，用木色墙体配合自然山水景观，简洁大方，时尚而不奢华。茶室外接湖泊，平静的水面不仅提供开阔的视野，也让人拥有了"静"与"思"的一方天地。

从茶室往外看，庭院的景色一览无余，地形的高差变化以挡土石为主要相隔物。中间加以植物，使其归于自然，有一种亲于自然的气势。

水景营造

　　水景设计以瀑布为主，通过溪流将两者汇合，再配以无边泳池和现代茶亭，营造一个寄情于山水之间的休闲空间。

　　低垂的叶子恰好把瀑布的源头遮挡起来，让人无法看清它的全貌，体量也无从得知，给人的感觉是深邃和远大。跨过蜿蜒的溪流，来到开阔的草坪景观，令人豁然开朗。

植物配置

　　植栽作为软景，主要用来修饰、完善风景，应根据整体氛围平衡种植。比如，树木要与石头、山、池的形状取得平衡，根据其关系来决定种植场所和树木的高低、冠幅等，且要注意展示出树木的最后形态。尊重树木的个性就是聆听树木的"木心"，让其在生限的空间中绽放出生命的精彩。

西南地区庭院常用植物

　　① 常绿植物：黑松、南天竹、金边阔叶麦冬、红花檵木。

　　② 观花、观叶、观果植物：鸡爪槭、紫薇、日本红枫、樱花、石榴、山茶、枇杷、水果蓝、醉鱼草、花叶络石、兰花三七、绣线菊、芍药、深蓝鼠尾草、绣球、玉簪、金娃娃萱草、牡丹、美人蕉。

　　③ 芳香植物：金桂、丹桂、栀子花。

保利西岸
屋顶花园

保利
御尊苑

南桂园
别墅

世纪陇墅

亿达玖墅

鱼花苑
西园

臻水岸苑

钟山
高尔夫

纳帕尔湾
117号庭院

心灵的
庭院

CAD
下载码